专项职业能力考核培训教材

人力资源社会保障部教材办公室组织审定

农民技能提升培训系列教材

粮食烘干机操作与维修

上海市农业广播电视学校　组织编写

主　编：黄　菊　孙月星

副主编：江　伟　齐　祺

编　者：沈天宜　王琪琛　周　健

主　审：夏海荣

中国劳动社会保障出版社

图书在版编目（CIP）数据

粮食烘干机操作与维修 / 上海市农业广播电视学校组织编写. -- 北京：中国劳动社会保障出版社，2022

专项职业能力考核培训教材

ISBN 978-7-5167-5213-5

Ⅰ. ①粮… Ⅱ. ①上… Ⅲ. ①谷物干燥机 – 职业培训 – 教材 Ⅳ. ①S226.6

中国版本图书馆 CIP 数据核字（2022）第 027514 号

中国劳动社会保障出版社出版发行

（北京市惠新东街 1 号 邮政编码：100029）

*

北京市白帆印务有限公司印刷装订 新华书店经销

787 毫米 ×1092 毫米 16 开本 8.25 印张 150 千字

2022 年 3 月第 1 版 2022 年 3 月第 1 次印刷

定价：24.00 元

读者服务部电话：（010）64929211/84209101/64921644

营销中心电话：（010）64962347

出版社网址：http://www.class.com.cn

前　言

职业技能培训是全面提升劳动者就业创业能力、促进充分就业、提高就业质量的根本举措，是适应经济发展新常态、培育经济发展新动能、推进供给侧结构性改革的内在要求，对推动大众创业万众创新、推进制造强国建设、推动经济高质量发展具有重要意义。

为了加强职业技能培训，《国务院关于推行终身职业技能培训制度的意见》（国发〔2018〕11号）、《国务院办公厅关于印发职业技能提升行动方案（2019—2021年）的通知》（国办发〔2019〕24号）提出，要深化职业技能培训体制机制改革，推进职业技能培训与评价有机衔接，建立技能人才多元评价机制，完善技能人才职业资格评价、职业技能等级认定、专项职业能力考核等多元化评价方式。

专项职业能力是可就业的最小技能单元，劳动者经过培训掌握了专项职业能力后，意味着可以胜任相应岗位的工作。专项职业能力考核是对劳动者是否掌握专项职业能力所做出的客观评价，通过考核的人员可获得专项职业能力证书。

为配合专项职业能力考核工作，人力资源社会保障部教材办公室组织有关方面的专家编写了这套专项职业能力考核培训教材。该套教材严格按照专项职业能力考核规范编写，教材内容充分反映了专项职业能力考核规范中的核心知识点与技能点，较好地体现了适用性、先进性与前瞻性。教材编写过程中，我们还专门聘请了相关行业和考核培训方面的专家参与教材的编审工作，保证了教材内容的科学性及与考核规范、题库的紧密衔接。

专项职业能力考核培训教材突出了适应职业技能培训的特色，不但有助于读者通过考核，而且有助于读者真正掌握专项职业能力的知识与技能。

教材编写是一项探索性工作，由于时间紧迫，不足之处在所难免，欢迎各使用单位及个人对教材提出宝贵意见和建议，以便教材修订时补充更正。

人力资源社会保障部教材办公室

序

大力开展农民技能培训，提升广大农民技能素质，加快培养一批专业型、技能型、创新型劳动者和高技能人才，培育一支“有文化、懂技术、善经营、会管理”的高素质农民队伍，将为实施乡村振兴战略、推进现代绿色农业发展提供人才支撑，促进农民收入持续增长。

为更好地满足农业产业发展需要，近年来，上海市农业农村委员会在种植、畜牧、水产、农机、农产品安全等领域，积极开展农业新业态、新技能培训项目开发，广泛开展农业从业人员实用技术培训，提高优质农产品生产水平和农业专业化服务能力，围绕家庭农场、农民专业合作社、农业龙头企业等新型农业经营主体，以农业高技能人才培养基地为平台，发挥农民技能培训辐射带动作用，形成了规模化农民技能培训的示范效应。

为配合农民技能提升培训工作的需要，上海市农业广播电视学校组织农业领域的专家、技术人员共同编写了农民技能提升培训系列教材。教材严格按照考核规范进行编写，以产业发展为立足点，以生产技能和经营管理能力提升为主线，注重知识和技能的针对性和有效性，实用性强，适应农民技能培训和自身学习需要，是广大农民增收致富的好帮手。

本教材在编写过程中得到了上海市、区两级相关农业技术推广部门与农业院所有关专家的关心指导和大力支持，在此表示最诚挚的谢意。

由于水平有限，不当之处在所难免，恳请读者指正。

本书编审人员

2022年3月

目 录

培训任务 3　粮食烘干机维护保养

培训任务 4　粮食烘干机故障的诊断与排除

培训任务 1

粮食烘干机基础知识

培训目标

- 了解烘干方法的特点和粮食烘干机的分类。
- 熟悉粮食烘干机的基本构造。
- 掌握控制箱和电脑水分计的功能及操作。

粮食烘干机简介

一、烘干的原理和方法

1. 烘干的原理

粮食烘干是指从粮食中排除部分水分以达到安全储存目的的传湿、传热的加工过程。烘干时，粮食内部的自由水沿毛细管转移至表面，之后蒸发成水蒸气并被周围的烘干介质吸收。对粮食进行烘干可以保证品质，并能保证储藏和食用安全。

需要烘干的粮食多以谷物为主。以稻谷为例，稻谷是颖果类作物，主要由坚硬的外壳和谷粒组成，其外壳虽然对内部的谷粒起保护作用，但也对烘干过程起阻碍作用，因此稻谷的烘干并不容易。在对稻谷进行烘干时，其外壳先获得热量，之后热量以热传导的方式传至谷粒，当谷粒获得足够多的热量时，其内部的水分子才会具有较大的动能，进而沿着毛细管由内而外转移。

2. 烘干的方法

粮食的烘干方法分为自然烘干和人工烘干，其中人工烘干又分为辅助加热烘干和热风烘干。

（1）自然烘干。自然烘干是指利用自然空气和阳光的热量对粮食进行烘干。自然烘干具有不消耗燃料、基本设备成本和保养费用低等优点，同时无失火风险、无须看管，与辅助加热烘干相比，它造成粮食中水分凝结和粮食表面霉菌生长的可能性也较小。但是，自然烘干劳动强度较大、占地面积较大、易受气候条件限制、烘干效率较低，一般需要几星期的时间才能烘干好，且烘干过程中粮食易被老鼠、麻雀偷食或被灰尘等污染。

随着全国粮食产量的逐年提高，自然烘干已经不能满足粮食烘干的需求，因而急需发展人工烘干技术。

（2）人工烘干

1）辅助加热烘干。辅助加热烘干是指通过对自然空气稍加热，使其相对湿度降低进而对粮食进行烘干。辅助加热烘干具有消耗燃料较少、基本设备成本和保养费用较低、不受气候条件限制等优点，与热风烘干相比，它的粮层厚度更大、看管工作更少。但是，辅助加热烘干因为采用直接加热的方式，所以存在失火的风险，同时还有造成粮食中水分凝结和加快粮食表面霉菌生长的可能性。

2）热风烘干。热风烘干是指在自然空气被加热到 40 ~ 45 ℃或者更高、风速约为 4.2 m/s 的条件下，对粮食进行烘干。热风烘干具有不受气候条件限制、烘干时间短（一般在 1 ~ 2 天）、烘干速度快、烘干能力较强等优点。但是，热风烘干消耗燃料较多、基本设备成本和保养费用较高，且因采用直接加热的方式而存在失火的风险，还需要有专人看管（如根据粮食的种类将热风温度即烘干温度调节到安全范围），同时还有降低粮食品质的可能性。

二、粮食烘干机的功能

粮食烘干机是基于热风烘干方法而设计、制造出的粮食烘干设备，简称烘干机。它可以对收割机收割的大量粮食进行快速、及时的烘干，提高了烘干效率，保证了粮食品质。

1. 提高烘干效率

自然烘干和辅助加热烘干一般需要 1 ~ 3 星期或更长的时间，才能将粮食的含水率降低到安全范围。对于要立即出售或者长期储存的粮食，虽然采用自然烘干和辅助加热烘干成本较低，但是由于这两种方法烘干效率也较低，因此建议用粮食烘干机进行热风烘干。

2. 保证粮食品质

在常温条件下，粮食中水分的蒸发速度很慢，而粮食烘干机通过提高烘干介质的

温度和流速、降低烘干介质的相对湿度来加速粮食中水分的蒸发。在粮食烘干的过程中，随着烘干强度的增大，烘干后的粮食会出现不同程度的损伤，如应力裂纹、热损伤、发芽率降低等。特别是在不正确的烘干条件下（如烘干温度过高），粮食会因吸热或散热不均匀而出现应力集中的现象，严重时还会产生爆腰现象，降低了粮食的品质。

相关链接

这里引入一个概念——爆腰，是指粮食在烘干后表面产生裂纹。裂纹数量与碾碎粮食时产生的碎粮食数量有关，影响粮食的经济价值。以稻谷为例，它是一种热敏性籽粒，经过烘干的稻谷不可避免地会出现爆腰现象，其爆腰程度如图 1-1 所示。影响稻谷爆腰的因素主要有烘干温度、烘干速度、烘干工艺等。对于爆腰率高的稻谷，特别是当其裂纹多而深时，不宜加工成高精度大米，否则会增加碎米量，降低出米率而减少利润。

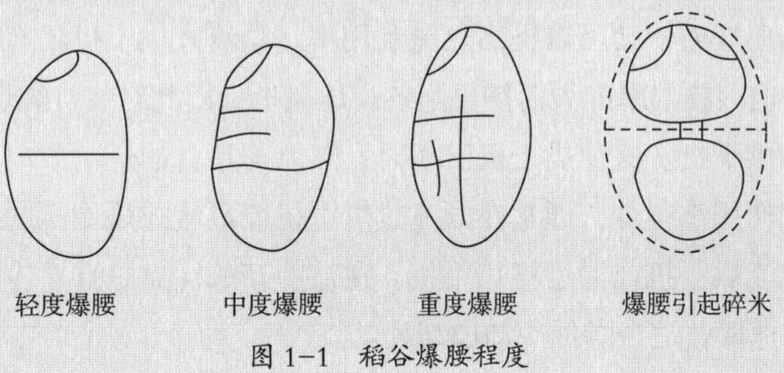

图 1-1　稻谷爆腰程度

使用粮食烘干机进行作业时，在每一个烘干阶段结束之后，通常会结合不同粮食的烘干特性让其进行充分的缓苏，即让其内部水分进行自我调节，以达到新的平衡。然后，再对具有一定温度的粮食进行进一步的烘干，从而防止在烘干时和烘干后冷却时，粮食因内部与外壳之间的温度和含水率差异产生局部应力集中而造成爆腰。也就是说，粮食烘干机的设计充分考虑了热风烘干对粮食品质所造成的影响，因而在流程上能保证烘干后粮食品质符合要求。

三、粮食烘干机的分类

目前，粮食烘干机按不同的分类标准可分为多种类型：按产量来分，可分为大型烘干机、中型烘干机和小型烘干机；按烘干对象种类来分，可分为专用型烘干机和多用型烘干机；按加热方式来分，可分为对流式烘干机、传导式烘干机和辐射式烘干机；按烘干温度来分，可分为高温烘干机、常温烘干机和低温烘干机；按能否移动来分，可分为固定式烘干机和移动式烘干机；按烘干容器承受的压力来分，可分为常压烘干机和真空烘干机；按结构和工艺流程来分，可分为连续式烘干机和分批式烘干机。下面重点介绍连续式烘干机和分批式烘干机。

1. 连续式烘干机

连续式烘干机能连续烘干粮食，烘干效率较高。连续式烘干机按热风与粮食的运动方向来分，可分为横流式烘干机、顺流式烘干机、逆流式烘干机和混流式烘干机。

（1）横流式烘干机。这种烘干机工作时，热风与粮食的运动方向相互垂直。其优点是安装方便、成本低、生产效率高，其缺点是烘干不均匀、热耗率偏高、粮食烘后品质难以达到要求、内外筛孔需要经常清理等。

（2）顺流式烘干机。这种烘干机工作时，热风与粮食的运动方向是一致的。高温热风首先快速烘干粮食外层的水分，之后粮食经缓苏与温度稍低的热风接触，这样既可以避免粮食品质变差，又可以提高热能利用率。顺流式烘干机具有降水幅度大、热耗率低的优点，但因粮层厚度大而需要配备高压风机，因此对装机容量有较大要求。

（3）逆流式烘干机。这种烘干机工作时，热风与粮食的运动方向相反。纯逆流式烘干机的生产和使用都很少，通常在顺流式烘干机或混流式烘干机的冷却段采用逆流形式，制成顺逆流烘干机或混逆流烘干机。逆流冷却的优点是自然冷风能与粮食充分接触，提高冷却速度，适当降低冷却段高度。

（4）混流式烘干机。这种烘干机内分布着很多用于进气和排气的气道，热风与粮食的相对运动存在顺流、逆流和横流 3 种方式，因此称为混流式烘干机。混流式烘干机粮层薄，因而在相同条件下所需风机的动力小，但烘干时间长、缓苏时间短，易造成粮食温度过高而影响烘后品质。同时，混流式烘干机因热风温度不能太高而导致热能利用率相对较低，又因气道多、气量难以均匀分布而导致烘干均匀度不理想。

2. 分批式烘干机

（1）烘干储存仓。这是一种较简单的烘干机，它主要利用通风和热量补充来烘干粮食，烘干后粮食就地储存。当天气干燥时，可利用自然空气进行烘干；当天气潮湿时，就启用加热装置将自然空气适当升温进行烘干。烘干储存仓的优点是烘干成本较低，缺点是需要人工分层、多次装粮。

（2）平面型烘干机。平面型烘干机又称平床烘干机，其烘干室为平面型的，采用仓底编织网通风技术，使粮食能在静止状态下被烘干。这种烘干机结构简单、成本低，

但烘干不均匀，烘干后上下层粮食的含水率相差 4%～5%。

（3）立体型烘干机。这种烘干机是针对平面型烘干机占地面积大、进出仓费时费力、烘干不均匀等缺点改良设计出的，其烘干室底面积变小，但高度增加，在烘干过程中可进行 1～2 次机械翻仓，烘干较均匀，使用较方便。

（4）循环式烘干机。循环式烘干机分为横流烘干与缓苏结合、逆流烘干与缓苏结合两种机型。循环式烘干机采用了不损伤粮食的自动循环输送设备，在干燥部上方设置了既能储存粮食、又能进行缓苏处理的储留部，且具有热风温度自动控制程序，烘干均匀度较好，粮食的烘后品质较好。

循环式烘干机采用大风量、低温、薄粮层的烘干技术，以及短时间受热、长时间缓苏的烘干工艺，具有烘干速度快、热耗率低的特点。循环式烘干机不影响粮食作为种子时的发芽率，粮食的爆腰现象较少、破损率较低，因而它是一种较为理想的烘干设备，目前正在我国南方地区进行大力推广。本教材将主要对循环式低温粮食烘干机进行介绍。

四、粮食烘干机的选购和安装

用户在购买烘干机之前，应根据所要烘干粮食的品种和数量、地区气候条件等因素，结合烘干机的烘干效率和降水幅度这两个重要指标来综合分析，确定烘干机的型号和配置。原则上配备的烘干机宜大不宜小，因为如果在收获季节遇上雨季，烘干量大、生产效率高的烘干机更能发挥作用。

烘干机的安装不单是机体安装，还涉及土建工程，通常都由生产厂家或者经销商的技术人员上门安装。安装烘干机之前，应验查各零部件及辅助件并将其清理干净。安装烘干机时，应严格按装配图和基础图的要求规范施工。烘干机是大型设备，安装时应由下往上进行模块化安装，一般先搭框架，再安装零部件，最后安装控制装置。另外，烘干机的安装还需要注意以下几点。

1. 烘干机的安装场地需要用双层交叉钢筋网铺设并浇筑混凝土，每平方米场地应确保能承载 10 t 以上的重量，否则会造成烘干机底座不牢固，可能使烘干塔倾斜或倒塌。

2. 在挖入料坑时，其侧面与底面角度不能小于 45°（倒四棱锥），否则会将潮粮滞留在斗内，特别是粮食含杂物较多时，滞留情况更严重。

3. 在安装提升机时，首先要检查视窗和维修口的安装位置，确保高度适当、操作方便、操作空间足够。提升机与清选筛之间的作业平台必须连通，这样操作与维修时既便利又安全。

4. 在安装过程中，需要随时用力矩扳手检查各螺栓的紧固情况，严禁发生缺失螺

栓、螺栓未紧固到位的情况，确保安装质量合格。

5. 安装落地式电控柜时，其底部应垫有基础型钢（与电控柜紧密连接）。从电控柜引出桥架或钢管到现场各电气设备时，桥架或钢管应与设备支架、墙面支撑架牢固、可靠地连接，且桥架或钢架的起点和终点均应接地。

6. 敷设电气线路时，应避开可能受到机械损伤、振动、腐蚀、紫外线照射以及可能受热的地方。接线完成后，进出建筑物的所有电气管线、管沟、桥架在穿越墙体等处留有缝隙时均应用防火堵料进行封堵。

7. 烘干机安装完成后，先进行单机调试，观察各部件工作是否正常、有无杂音。单机调试好后，再进行整机调试。

五、循环式低温粮食烘干机

1. 结构

循环式低温粮食烘干机是南方水稻产区最常见的烘干机类型，这种烘干机的容量小到 1 t 左右、大到 10 t 以上，可以单一配置，也可以并列配置。单一配置的烘干设备结构如图 1–2 所示，各结构功能见表 1–1。并列配置的烘干设备结构如图 1–3 所示，各结构功能见表 1–2。

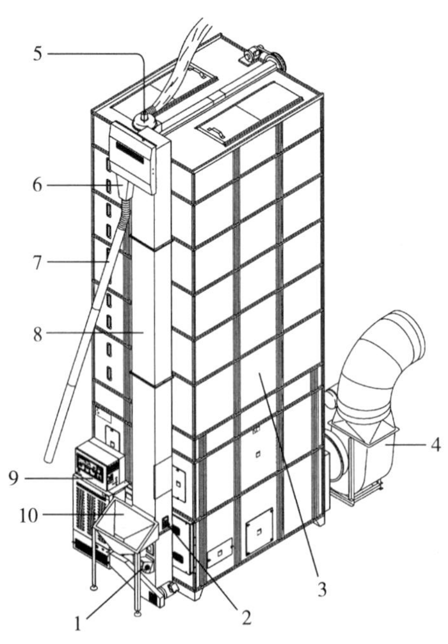

图 1–2 单一配置的烘干设备结构

1—水分检测器 2—取样口 3—烘干塔 4—排风机 5—排尘机 6—排粮闸 7—排粮管 8—提升机 9—微电脑控制装置 10—湿谷入料斗

表 1-1　单一配置的烘干设备各结构功能

序号	结构名称	功能
1	水分检测器	测定谷物水分含量
2	取样口	从烘干机中取样
3	烘干塔	作为烘干机的主体部分进行烘干作业
4	排风机	排出经过谷物的热风，同时去除混入谷物中的部分灰尘、杂物
5	排尘机	清除混入谷物中的灰尘、杂物
6	排粮闸	自动打开闸门排粮
7	排粮管	烘干后谷物排出的管道
8	提升机	通过畚斗将谷物由下往上搬运
9	微电脑控制装置	按压对应的按钮，可完成启动、点火等各项操作
10	湿谷入料斗	将湿谷倒入其中进行入料

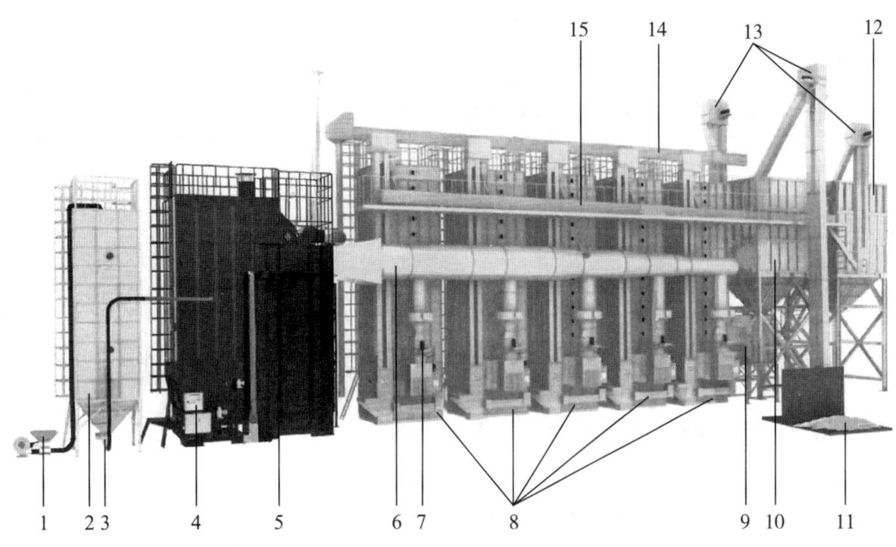

图 1-3　并列配置的烘干设备结构

1—预备送稻壳机　2—炉前稻壳桶　3—炉前送稻壳机　4—微电脑控制装置（热风炉）　5—热风炉
6—主热风管　7—微电脑控制装置（烘干机）　8—循环式低温粮食烘干机　9—粮食清选机　10—湿谷桶
11—湿谷入料斗　12—干谷桶　13—提升机　14—刮板输送机（入湿谷）　15—刮板输送机（出干谷）

表 1-2　并列配置的烘干设备各结构功能

序号	结构名称	功能
1	预备送稻壳机	生物质热风炉配置的结构，将稻壳（作为燃料）倒入其中进行输送

续表

序号	结构名称	功能
2	炉前稻壳桶	生物质热风炉配置的结构，储存稻壳
3	炉前送稻壳机	生物质热风炉配置的结构，将稻壳输送至热风炉
4	微电脑控制装置（热风炉）	按压对应按钮可完成热风炉的相关操作
5	热风炉	燃烧燃料，为烘干机供应热风
6	主热风管	集中供热风的主要管道
7	微电脑控制装置（烘干机）	按压对应按钮可完成烘干机的相关操作
8	循环式低温粮食烘干机	烘干
9	粮食清选机	将粮食（即湿谷）进行清选处理
10	湿谷桶	将湿谷储存于其中
11	湿谷入料斗	将湿谷倒入其中进行入料
12	干谷桶	将干谷储存于其中
13	提升机	通过畚斗将谷物由下往上搬运
14	刮板输送机（入湿谷）	将湿谷输送至烘干机顶部
15	刮板输送机（出干谷）	将烘干后的干谷排出

2. 工作原理

烘干机主要部位如图 1–4 所示，其工作原理大致如下：在一次烘干过程中，粮食从烘干机顶部缓慢下落，流经干燥部，到达提升机下部，再由提升机向上输送；经过一次烘干的粮食在储留部缓苏一段时间后，再次流往干燥部进行烘干，如此反复循环，直至粮食达到预设水分值，热风炉自动熄火，烘干机停止烘干。

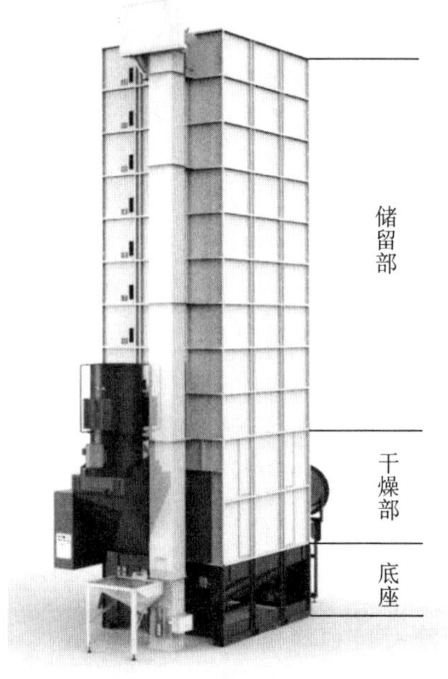

图 1–4 烘干机主要部位

3. 工艺流程

单一配置的烘干设备工艺流程较为简单：湿谷进入湿谷入料斗后由提升机输送至烘干机顶部，微电脑控制系统启动烘干程序，待将谷物烘干至预设水分值后，微电脑控制系统便启动排谷程序，排粮闸打开，干谷由排粮管排出。

并列配置的烘干设备工艺流程相对复杂：湿谷从车辆卸下、进入湿谷入料斗，再由提升机输送至湿谷桶，桶中湿谷再下漏至粮食清选机；湿谷经粮食清选机进行清选处理后，再由提升机输送至刮板输送机（入湿谷），并被输送至每台烘干机；在每台烘干机都装满湿谷后，微电脑控制系统便启动烘干程序，待将谷物烘干至预设水分值后，微电脑控制系统便启动排谷程序，干谷由刮板输送机（出干谷）送入干谷桶。

学习单元 2

基本构造

一、热风炉

1. 热源

热风炉常用的热源有外接蒸汽、天然气、空气源热泵、生物质燃料、燃油等。

（1）外接蒸汽。外接蒸汽一般从外部接入蒸汽管道，烘干机使用单位不用过多考虑蒸汽的生产，因为蒸汽通常来自附近的热电厂等能保证长期提供蒸汽的单位。应为使用蒸汽的烘干机配置具有一定换热面积的蒸汽热交换器，并将其安装在烘干机热风管道进口处。蒸汽热交换器换热面积决定了其体积和占地面积，相对来说，散热面积小的蒸汽热交换器体积小、占地面积小。

在投资成本方面，蒸汽管道接入费用是需要考虑的，包括开户费用及管道本身的费用，一般管道越长、费用越高。另外，蒸汽热交换器需要配置的蒸汽包及相关设施等也属于投资成本。在使用成本方面，蒸汽单价是需要考虑的，它一般由提供蒸汽的单位决定。

在操作使用方面，外接蒸汽管道的自动化程度较高，与烘干机相连能一键设定，简化了人工操作。

烘干机的使用具有较强的季节性，在暂停烘干的季节，蒸汽热交换器的维护保养必须遵守厂家相关规定，否则将影响蒸汽热交换器的使用寿命。

注意，蒸汽管道属于压力容器，需要由专业人员进行安装，且在通过安全检查后方可使用，在使用过程中还应接受安检部门的定期检查。

（2）天然气。天然气是最经济、最便利的一种清洁型热源。选择天然气作为热源后，可通过热风炉中的燃烧机（又称燃烧器）产生热风对谷物进行烘干。燃烧机的型式分为直接燃烧式和间接燃烧式。前者是指将小型燃烧机直接安装在烘干机热风管道进口处，其优点是与烘干机合为一体，不占用多余空间，可单台使用，节省电耗。后者又称集中供热式，即一条烘干线集中配套 1 ~ 2 台燃烧机，其优点是能放置在专门的热源房中，使烘干房（又称烘干车间）内只有热风管道接入，不存在明火，提高了安全性；其缺点是如果燃烧机发生故障需要维修，则会耽误整个烘干线的作业，且设备占地面积较大。

在使用成本上，天然气的价格以当地的实行价格为准。

在操作使用方面，与蒸汽管道一样，天然气管道的自动化程度较高，与烘干机相连可一键设定，简化了人工操作。

（3）空气源热泵。空气源热泵以空气为热源，它作为便利的新型清洁能源设备，近年来市场占有率越来越高。其优点是审批手续简单，绿色环保，占地面积小，安装和使用方便，热源便于获得；其缺点是易受环境温度的影响，如在环境温度低于 5 ℃时，空气源热泵会出现蒸发器结霜、冷凝器热功率大幅度降低、制冷能效降低、压缩机排气温度升高等问题，导致热风的加热速度减慢，进而延长烘干时间。此外，空气源热泵对工作环境中的粉尘浓度要求极高，如果粉尘浓度大，随着设备运行时间的延长，吸附在设备翅片管上的粉尘会越来越多，将影响换热效果。虽然实际应用时空气源热泵大多设置了可活动的滤网来阻隔粉尘，但是滤网的堵塞同样影响换热效果，一般使用 3 ~ 7 天就要清理一次，以保证正常烘干。

在投资成本方面，厂家不同则设备报价不同，但是总体上价格稍高。在使用成本方面，因各地供电单价不同而异。

（4）生物质燃料。这里所说的生物质燃料主要指稻壳和有机颗粒。前者是直接拿来作为燃料燃烧的；后者是指将秸秆、木屑等有机原料加工成颗粒物，目的是增加热值、便于运输和节省堆放场地。稻壳就地取材，可省去运输和存储的不便；而有机颗粒便于采购、运输和存放。通常选用生物质热风炉或者悬浮炉将生物质燃料充分燃烧，并通过热交换器产生洁净的热风供烘干机使用。

其优点是充分利用废弃物，节约能源，烘干成本最低；其缺点是设备占地面积较大，还需要配备专门的司炉工人进行操作，而且在环保要求较高的城市报批较困难。

（5）燃油。燃油是指高清洁柴油和煤油，是烘干机的传统热源。燃油通过燃烧机作为热源加热空气，在获得热空气后再进行谷物的烘干。通常采用直接燃烧式燃烧机，并将其置于烘干机（主要是小吨位烘干机）本体内，接外部油箱、油罐等。

其优点是占地面积小、热效率高、自动化程度高、操作方便；其缺点是油价高因而烘干成本高，另外，如果燃烧系统设计不当，会造成燃烧不充分，进而影响粮食的烘后品质。

2. 常用热风炉

目前，根据烘干需求不同，市场上的烘干机主要分为单一配置的和并列配置的。对于单一配置的烘干机，其热源多通过小型热风炉供应，即每台烘干机各自配备热风炉，如图 1–5 所示，热风炉一般通过燃烧柴油或者天然气为烘干机提供热风。对于并列配置的烘干机，往往使用大型热风炉集中供热，即在热风炉燃烧燃料后，将热风通过主热风管集中供应至每台烘干机，如图 1–6 所示，可以通过每台烘干机的微电脑控制系统设置出最适宜的热风温度。常用的热风炉以生物质燃料热风炉居多，其结构三视图如图 1–7 所示。

在安全生产方面，需要按时对热风炉进行清灰，同时注重保养、加强检查，切实预防火灾发生。

图 1–5　单一配置的小型热风炉型烘干机

图 1–6　并列配置的大型热风炉型烘干机

二、烘干塔

烘干塔主要由上部绞龙、下部绞龙、上部输送电动机、下部输送电动机、提升机畚斗、驱动链、排粮轮、排粮轮电动机和干燥部组成，其内部结构及功能如图 1–8 所示。

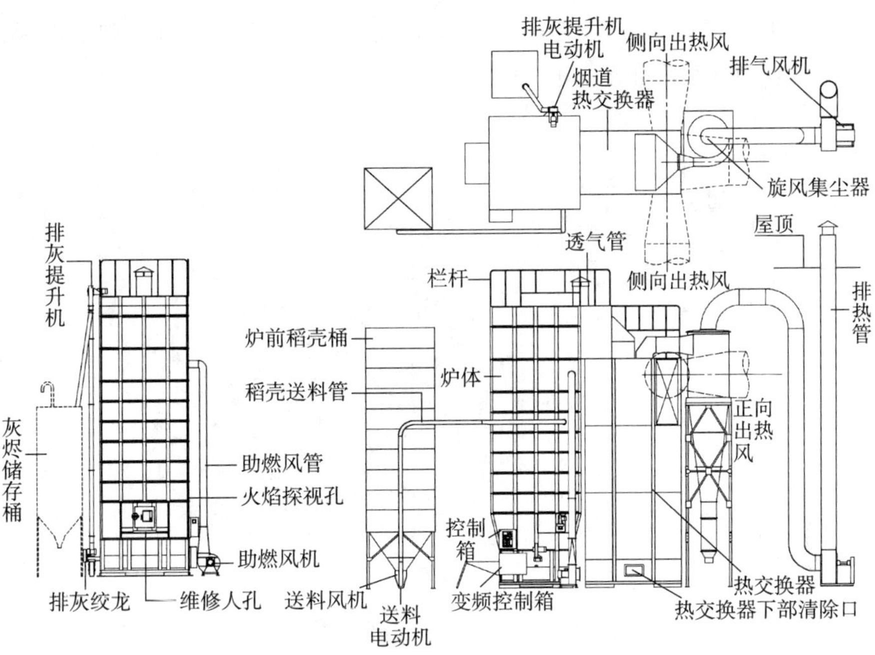

图 1-7 生物质燃料热风炉结构三视图

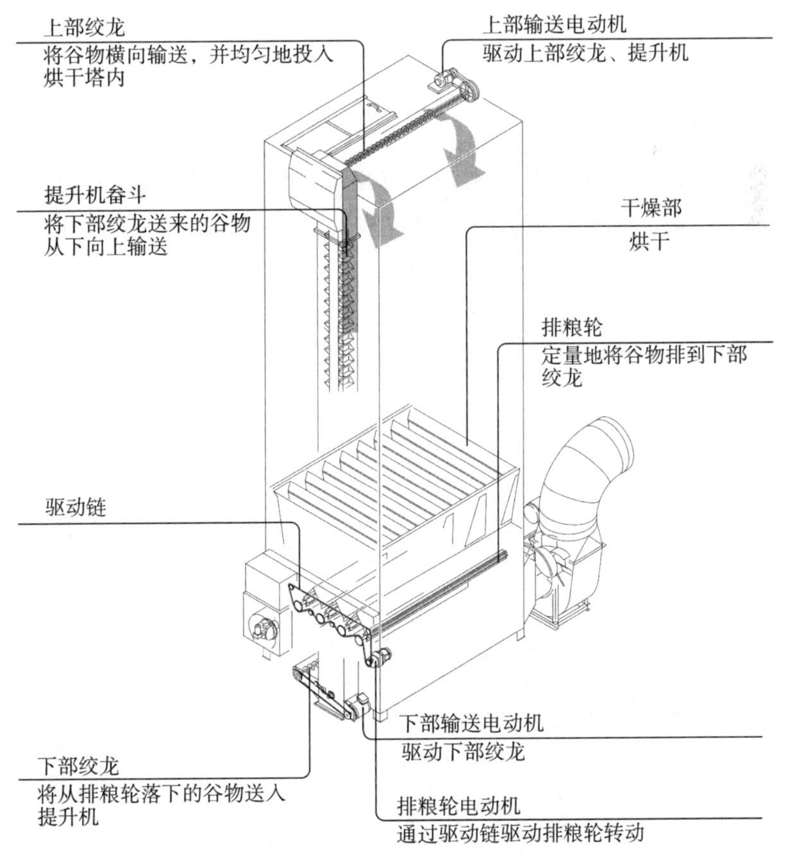

图 1-8 烘干塔内部结构及功能

烘干塔的干燥部大多实现了横向八槽交叉混流、上下交叉混流的烘干效果，以保证均匀烘干，其内部结构如图 1-9 所示。

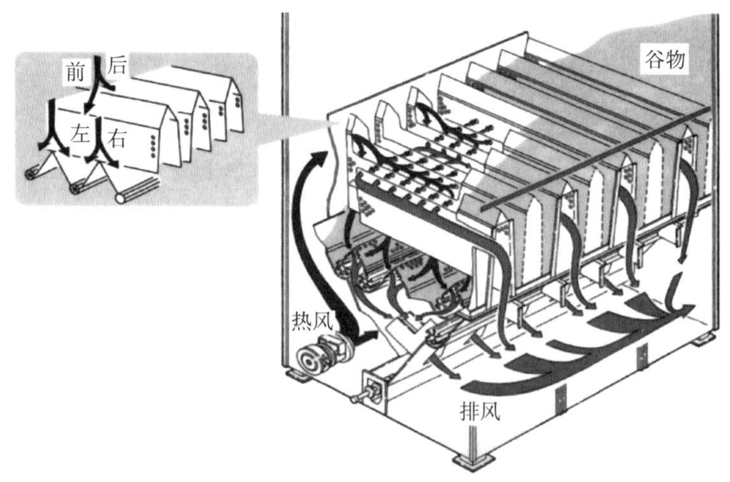

图 1-9　干燥部内部结构

三、进出粮装置

1. 单一配置

对于单一配置的烘干机，其进出粮装置较为简单，主要由湿谷入料斗、提升机、排粮闸和排粮管组成。其工作流程是将湿谷倒入湿谷入料斗，由提升机将湿谷送入烘干塔顶部，待烘干作业完成后，干谷由排粮闸通过排粮管排出。

2. 并列配置

对于并列配置的烘干机，其进出粮装置主要由湿谷入料斗、提升机、湿谷桶、粮食清选机、刮板输送机（入湿谷）、刮板输送机（出干谷）和干谷桶组成。其工作流程是将湿谷倒入湿谷入料斗，由提升机将湿谷先送至湿谷桶，然后由粮食清选机进行清选处理，再送至刮板输送机（入湿谷），并依次送至各烘干塔顶部，待烘干作业完成后，干谷由刮板输送机（出干谷）排出至干谷桶。

四、电控柜及电控元件

1. 电控柜

（1）烘干机电控柜。烘干机电控柜内部设置如图 1-10 所示，其电控元件功能见

表 1-3。

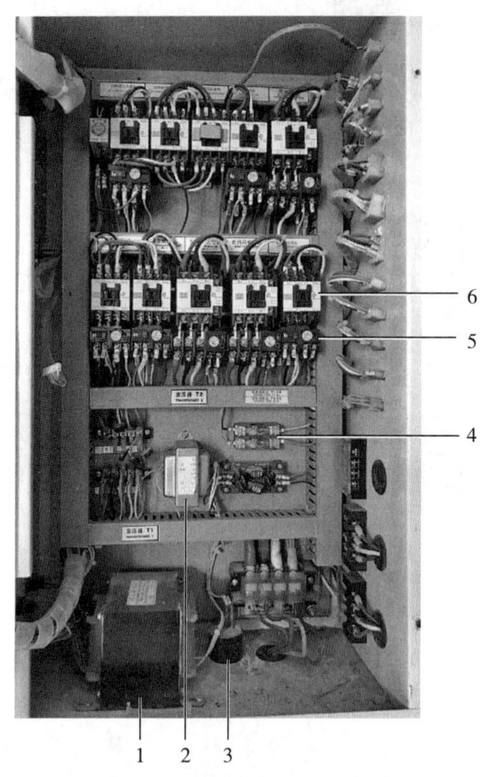

图 1-10 烘干机电控柜内部设置

1—隔离变压器 2—变压器 3—蜂鸣器 4—熔丝 5—热继电器 6—接触器

表 1-3 烘干机电控柜电控元件功能

序号	元件名称	功能
1	隔离变压器	避免电子设备对电网造成干扰，同时避免电网对电子设备造成干扰
2	变压器	根据不同的输入电压输出需要的电压，为微电脑控制板提供电源
3	蜂鸣器	当安全装置和传感器工作时（即烘干机运转异常），蜂鸣器能发出警报
4	熔丝（俗称保险丝）	保护烘干机电控柜元件免受回路中过电流的损害
5	热继电器	当电动机过载时提供保护
6	接触器	用来接通或切断主电路，主要用于控制电动机

（2）热风炉电控柜。热风炉电控柜分为上、下两个部分。热风炉电控柜上部的电控元件种类基本与烘干机电控柜相同，只是其排列方式不同，如图 1-11 所示；热风炉电控柜下部如图 1-12 所示，其电控元件功能见表 1-4，其中断路器如图 1-13 所示。

图 1-11 热风炉电控柜上部

1—蜂鸣器 2—热继电器 3—接触器 4—熔丝 5—变压器 6—隔离变压器

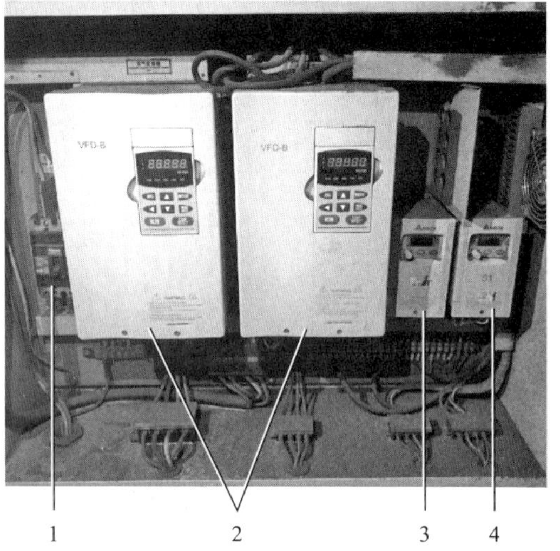

图 1-12 热风炉电控柜下部

1—断路器 2—匀化变频器 3—入料变频器 4—排烟变频器

图 1-13 断路器

表 1-4　　热风炉电控柜下部电控元件功能

序号	元件名称	功能
1	断路器	根据需要接入或切除部分电力设备或线路
2	匀化变频器	用于驱动匀化电动机
3	入料变频器	用于驱动入料电动机
4	排烟变频器	用于驱动排烟电动机

2. 电控元件

（1）接触器。接触器分为交流接触器和直流接触器，它应用于各种配电与用电场合。常见的交流接触器如图 1–14 所示，其结构包括触点系统、电磁系统和灭弧系统。触点系统包括主触点、辅助触点、常开触点（动合触点）和常闭触点（动断触点）；电磁系统包括动铁芯、静铁芯、吸引线圈和反作用弹簧；灭弧系统包括灭弧罩和灭弧栅片。

图 1–14　常见的交流接触器

交流接触器的各触点由银钨合金制成，具有良好的导电性和耐高温烧蚀性。交流接触器利用主触点来控制电路，利用辅助触点来导通电路。主触点一般是常开触点，而辅助触点一般有两对常开触点和常闭触点。额定电流在 20 A 以上的交流接触器加有灭弧罩，能利用电路断开时产生的电磁力快速拉断电弧，保护触点。

交流接触器工作原理图如图 1–15 所示。其电磁铁芯由两个呈“山”字形的硅钢片组成：其中一个为固定的、装有吸引线圈的静铁芯，为了使电磁力稳定，其吸合面上加有短路环；另一个为活动的动铁芯，其结构和静铁芯一样，作用是带动主触点和辅助触点进行闭合、断开。交流接触器动作的动力源于交流电通过吸引线圈时产生的磁场。当在交流接触器两端加额定电压时，吸引线圈产生磁场，动铁芯与静铁芯吸合，辅助常开触点闭合，辅助常闭触点断开；当不在交流接触器两端加额定电压时，吸引线圈的磁场消失，动、静铁芯复位，各辅助触点恢复常态。交流接触器的电气图形符号如图 1–16 所示。

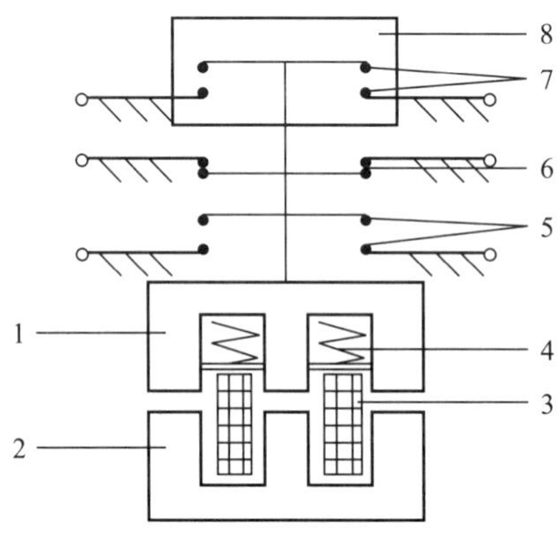

图 1–15　交流接触器工作原理图

1—动铁芯　2—静铁芯　3—吸引线圈　4—弹簧　5—辅助常开触点
6—辅助常闭触点　7—主触点　8—灭弧罩

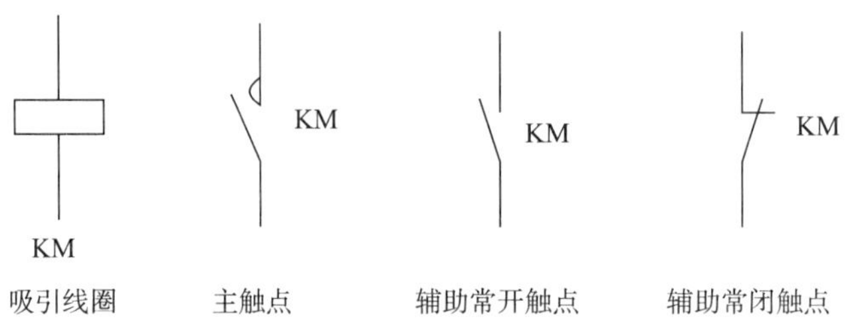

图 1–16　交流接触器的电气图形符号

（2）热继电器。热继电器的工作原理图如图 1–17 所示。热继电器利用电流的热效应原理，使膨胀系数不同的双金属片发生形变，当形变达到一定程度时就推动推杆动作，断开控制电路，从而使交流接触器失电、主电路断开，实现了电动机的过载保护。使用热继电器对电动机进行过载保护时，应将电热元件与电动机的定子绕组串联，将常闭触点串联在交流接触器所在的控制电路中，且人字形拨杆与推杆之间的距离应适当。

当电动机正常工作时，额定电流通过电热元件，电热元件发热，双金属片受热后发生形变，使推杆刚好与人字形拨杆接触但又不能推动它，常闭触点处于闭合状态，交流接触器保持吸合，电动机正常运转。

当电动机出现过载情况时，通过热继电器的电流增大，使双金属片温度升得更高、弯曲程度加大，于是推杆推动人字形拨杆，使常闭触点断开，从而断开交流接触器所在的控制电路，交流接触器被释放，电动机的电源被切断，实现了电动机的过载保护。热继电器的电气图形符号如图 1–18 所示。

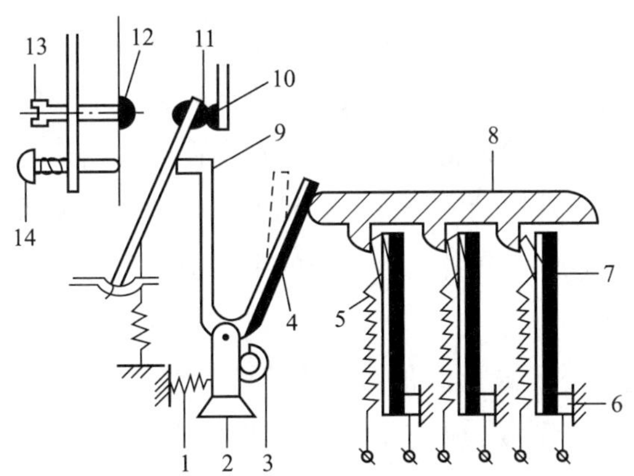

图 1–17　热继电器的工作原理图

1—弹簧　2—支撑件　3—偏心轮　4—温度补偿双金属片　5—电热元件
6—接线端子　7—双金属片　8—推杆　9—人字形拨杆　10—常闭触点　11—动触点
12—常开触点　13—复位调节螺钉　14—复位按钮

五、除尘系统

为了不对周边居民和工作人员造成困扰，防止粉尘等入眼、鼻、喉，在对谷物进行烘干时既要考虑烘干效果，又要考虑如何处理粉尘。除尘系统主要由排尘机和排风机组成，如图 1–19 所示。谷物表面携带的粉尘一般有两种，一种的粒径大于 10 μm，另一种的粒径为 0.25 ~ 10 μm。这两种粉尘对大气环境和人体都有危害。粒径大于 10 μm 的粉尘遇到阻力后会因重力较大而易沉降和分离；而粒径为 0.25 ~ 10 μm 的粉尘则较难分离，是除尘系统的主要工作对象。除尘系统常用的除尘方法有自然沉降法、

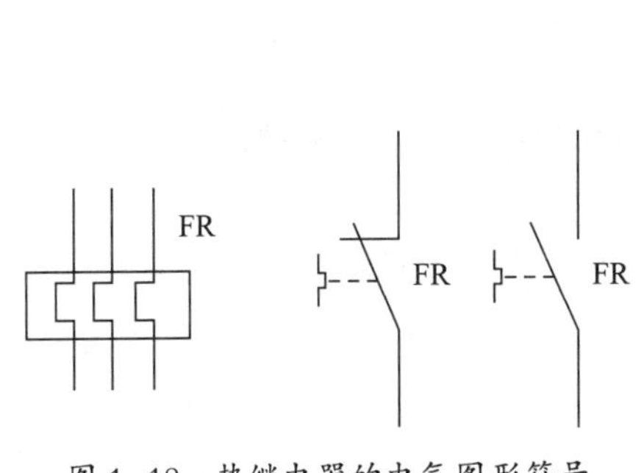

图 1–18　热继电器的电气图形符号

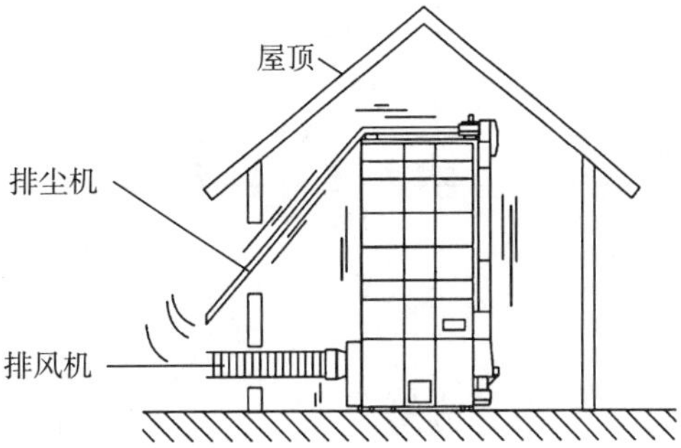

图 1–19　除尘系统

旋风除尘法、布袋除尘法等。

1. 自然沉降法

自然沉降法又称惯性除尘法，其原理是使含尘气流与挡板相撞而急剧地改变方向，再借助其中粉尘颗粒的惯性将其分离出来并捕集。采用这种除尘方法的设备结构简单、阻力较小、除尘效率低，一般用于一级除尘。目前，在对除尘环境要求不高的地区，循环式低温粮食烘干机常采用自然沉降法。谷物经烘干后，分离出来的杂物和粉尘通过排尘机和排风机排出，大的杂物如麦芒、秸秆等在碰到挡板后会自由下落，而粉尘则继续飘浮直至碰到阻碍其运动的挡板。自然沉降设备一般采用多段挡板，因为挡板的段数越多，除尘效果越好。在各挡板之间的距离中，第一段距离尤为重要，一般为排风管直径的 1.5 ~ 3 倍。

采用自然沉降法的循环式低温粮食烘干机在安装时，通常还会配备集尘室（见图 1–20）。集尘室不可密闭，必须设有排风口以保持排风顺畅，且排风口的面积必须大于所有排风机出口面积的总和。从集尘室靠近烘干机一侧开始，依次为第一沉淀室、第二沉淀室和第三沉淀室。第一沉淀室的排风口在上；第二沉淀室的排风口在下，且往往安装喷淋设备来帮助灰尘、杂物沉降；第三沉淀室上方通室外。排入集尘室的灰尘、杂物需要按时清理，堆积高度不可高于排风机的排风口，错误的堆积高度如图 1–21 所示。

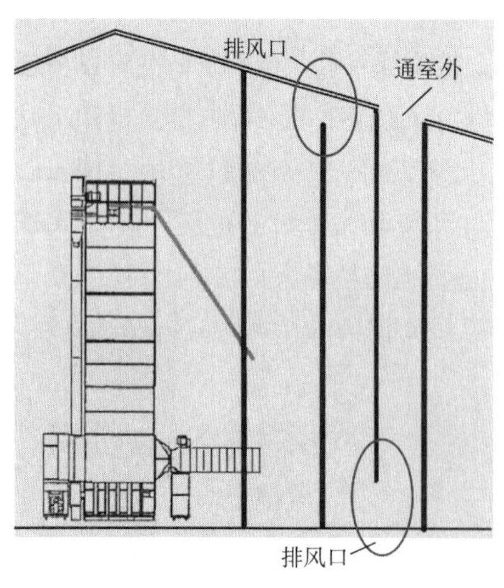

图 1–20　集尘室示意图

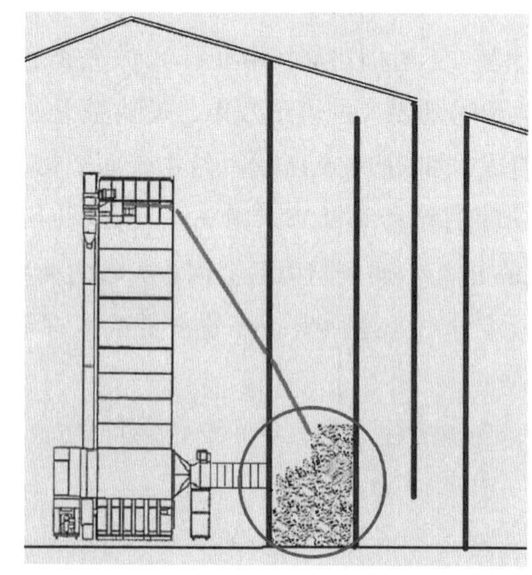
图 1–21　错误的集尘室灰尘、杂物堆积高度示意图

2. 旋风除尘法

应用旋风除尘法的设备称为旋风除尘器，又称离心除尘器。该设备通过旋转含尘

气体，利用离心力将粉尘等分离出来，从而得到净化后的气体。旋风除尘器结构示意图如图 1–22 所示。

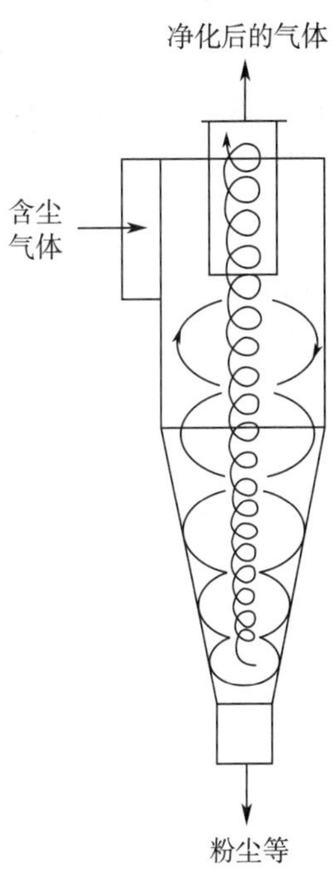

图 1–22 旋风除尘器结构示意图

旋风除尘器主要由横向进口、筒体、锥体、排风口和出杂口组成。由于它结构简单、安全防火、投资和使用成本低，且对 10 μm 以上粉尘的净化率高达 90%，因此多年来在烘干机除尘系统中广泛应用。含尘气体由横向进口进入旋风除尘器后，沿筒体和锥体内壁自上而下做高速旋转运动，向下旋转的气流称为外旋涡。外旋涡到达锥体底部后又沿轴心向上旋转，向上旋转的气流则称为内旋涡，最后经排风口排出。在含尘气体做旋转运动时，其中的粉尘等在离心力的作用下向旋转气流的外缘移动，当到达内壁边缘时，粉尘等会与内壁接触并释放能量，同时在重力作用下沿内壁滑落到锥体底部的出杂口。旋风除尘器的缺点是捕集效果与粉尘密度有关，粉尘密度越小则越难分离。对于粉尘密度较小的含尘气体来说，旋风除尘器的除尘效率较低，除尘效果不理想，甚至达不到除尘标准。

3. 布袋除尘法

布袋除尘法是指含尘气体通过布袋滤去其中粉尘等的除尘方法，包括脉冲布袋除尘、手（电）动简易布袋除尘等。目前，脉冲布袋除尘因价格高昂而选用的较少；而手（电）动简易布袋除尘性价比相对较高，是粮食烘干机首选的除尘方法，对环境要求比较高的地区尤其推荐使用。

布袋除尘法自 19 世纪中叶开始用于工业生产，随着 20 世纪 50 年代合成纤维布袋的出现，以及脉冲清灰、布袋自动捡漏等新技术的应用，这种方法得到了进一步的发展。其最大优点是除尘效率高，如对于微米或纳米级粉尘，布袋除尘法的除尘效率一般在 99% 以上；其他优点有处理气体量范围大，设备结构简单，操作灵活。其缺点是不宜处理黏结性和吸湿性较强的含尘气体。

布袋除尘设备一般采用下进气的方式，其结构示意图如图 1–23 所示，一般由排风机将含尘气体从进风口吹入除尘间，其中的大质量灰尘、杂物通过自由落体运动直接落入底部，而经过除尘的气体则通过“百叶窗”结构从出风口排到室外。布袋除尘设备经过一个烘干季的反复使用，在停机后需要全面清理，以备在下一个烘干季继续使用。

选择布袋时主要根据其材料选择阻力系数，同时根据厂房要求和除尘风机总风量来计算总过滤面积，进而计算布袋的长度和数量。注意，选择布袋时最重要的是在不影响烘干机使用效果的前提下，尽可能地提高除尘效率。

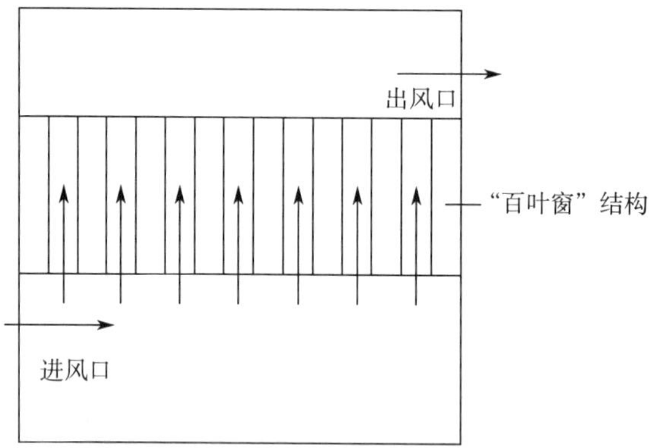

图 1-23　布袋除尘设备结构示意图

控制系统

一、控制箱

1. 控制箱面板

控制箱面板如图 1–24 所示，各部位功能见表 1–5。

表 1–5 控制箱各部位功能

序号	名称	功能
1	电源开关	接入或断开电源
2	入谷按钮	用于烘干机入湿谷
3	干燥按钮	用于烘干机烘干
4	排出按钮	用于烘干机排干谷
5	停止按钮	用于烘干机运转中紧急停止
6	时间设定按钮	设定烘干时间或连续烘干
7	温度设定按钮	设定热风温度或通风烘干
8	显示屏	显示热风温度、运转时间和异常信息
9	谷物选择按钮	选择需要进行烘干的谷物种类
10	回转阀扫除按钮	控制回转阀扫除残留谷物

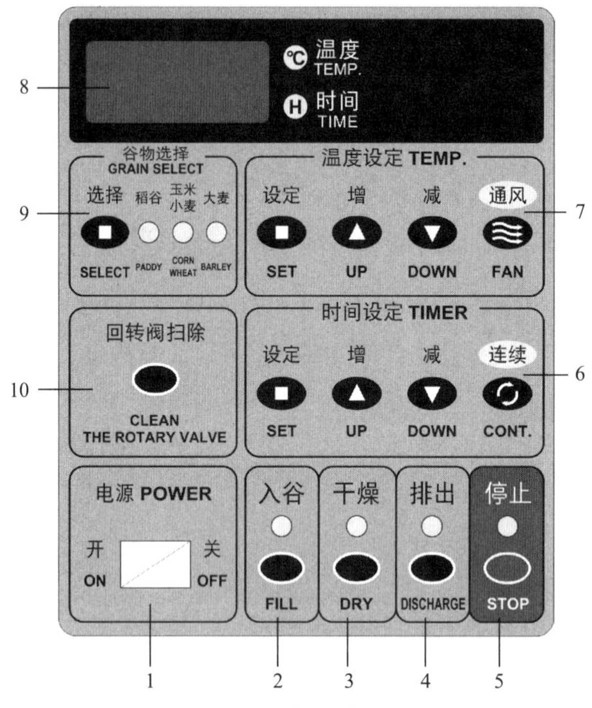

图 1-24　控制箱面板

1—电源开关　2—入谷按钮　3—干燥按钮　4—排出按钮　5—停止按钮　6—时间设定按钮　7—温度设定按钮　8—显示屏　9—谷物选择按钮　10—回转阀扫除按钮

相关链接

除了上述控制箱面板按钮外，烘干机控制系统还有其他常见按钮。例如：谷物装入量按钮用于设定烘干机的谷物装入量，如图 1-25 所示；循环按钮如图 1-26 所示，其功能与时间设定按钮中的连续按钮相同。

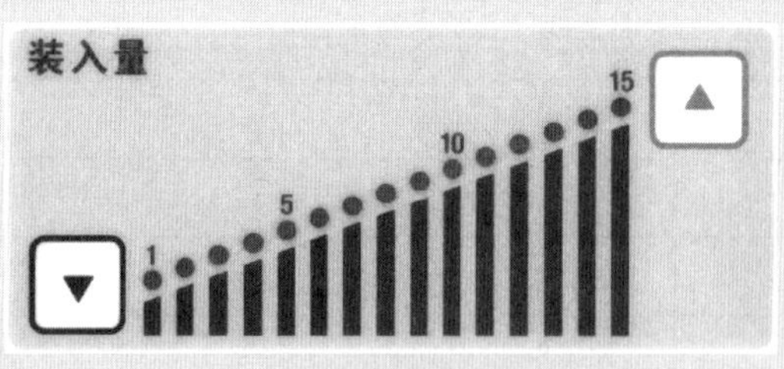

图 1-25　谷物装入量按钮

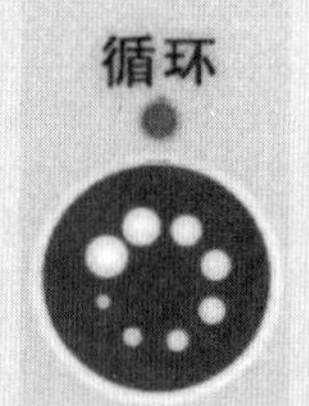

图 1-26　循环按钮

2. 控制箱的操作

下面以单一配置的烘干机为例，对控制箱各开关、按钮的操作进行描述。

（1）电源开关。开启电源开关，绿色电源灯点亮，烘干机电源连通。

（2）运转操作按钮。运转操作按钮如图 1–27 所示，包括入谷按钮、干燥按钮、排出按钮和停止按钮。

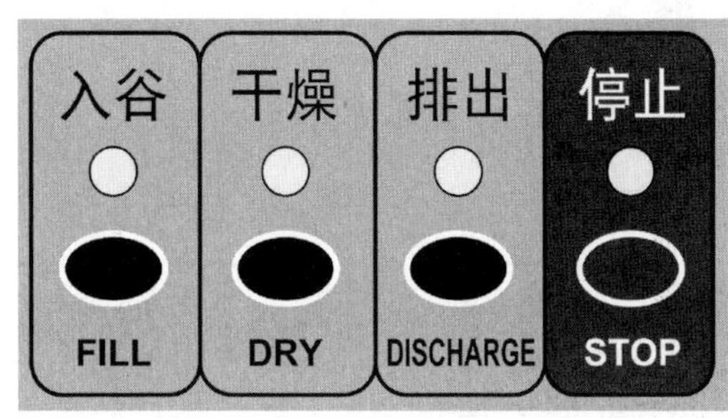

图 1–27 运转操作按钮

按压入谷按钮，对应指示灯亮起，烘干机开始入谷，湿谷被装入湿谷入料斗，并经提升机畚斗输送至烘干塔顶部。

按压干燥按钮，对应指示灯亮起，烘干机开始烘干。

按压排出按钮，对应指示灯亮起，烘干机开始排出干谷，干谷由排粮闸排出。

通常停止按钮的颜色较为鲜艳、明显，以红色居多，当需要停止入谷、烘干、排谷或者遇到紧急情况时，按压该按钮，对应指示灯亮起，烘干机紧急停止运转。

（3）时间设定按钮。对烘干时间进行设定时：先按压增按钮或者减按钮对烘干时间进行增加或者减少的调整，再按压设定按钮确定烘干时间（用于定时烘干）；或者先按压连续按钮，再按压设定按钮，设定烘干机进行连续烘干。

（4）温度设定按钮。对热风温度进行设定时：先按压增按钮或者减按钮对热风温度进行增大或者减小的调整，再按压设定按钮确定热风温度；或者先按压通风按钮，再按压设定按钮，设定烘干机进行通风烘干。

（5）谷物选择按钮。按压谷物选择按钮可以选择需要烘干的谷物种类，对应指示灯会亮起。按一下该按钮，则选择“稻谷”，对应指示灯亮起；再按一下该按钮，则选择“玉米 / 小麦”，对应指示灯亮起；再按一下该按钮，则选择“大麦”，对应指示灯亮起；继续按则循环选择。

（6）回转阀扫除按钮。在空机以及烘干机停止的状态下，按压该按钮，则回转阀会对残留的谷物进行扫除。如果按压该按钮的同时按压停止按钮，则回转阀会反向运转进行扫除。注意，采用单相电源的烘干机没有该按钮。

二、电脑水分计

1. 电脑水分计面板

电脑水分计面板如图 1–28 所示，各部位功能见表 1–6。

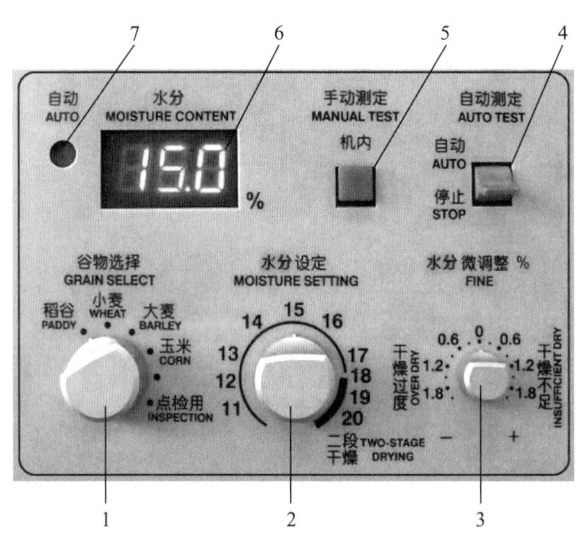

图 1–28　电脑水分计面板

1—谷物选择旋钮　2—水分设定旋钮　3—水分微调整旋钮　4—自动测定开关　5—手动测定按钮　6—水分值显示屏　7—自动提示灯

表 1–6　电脑水分计各部位功能

序号	名称	功能
1	谷物选择旋钮	选择需要进行烘干的谷物种类
2	水分设定旋钮	设定烘干后的水分值（即含水率）
3	水分微调整旋钮	对设定的水分值进行微调整
4	自动测定开关	选择是否自动测定
5	手动测定按钮	选择手动测定机内谷物水分值
6	水分值显示屏	对设定的水分值和烘干时测定的平均水分值进行显示
7	自动提示灯	指示自动测定状态

2. 电脑水分计的操作

（1）谷物选择旋钮。已知谷物选项有稻谷、小麦、大麦和玉米，点检用选项在检查设备时使用。旋转该旋钮，指向需要烘干的谷物种类或点检用即可。

（2）水分设定旋钮。该旋钮对应的细线区域表示可设定的水分值范围为 11%～17%，而粗线区域表示二段干燥（又称二段烘干）可设定的水分值范围为 18%～20%，旋转该旋钮指向需要设定的水分值即可。

（3）水分微调整旋钮。该旋钮初始位置在正中央的 0 刻度。当烘干后出现干燥过度（即烘干过度）的现象时，可将该旋钮旋向负数区域（即左侧），选择合适的数值；当烘干后出现干燥不足（即烘干不足）的现象时，可将该旋钮旋向正数区域（即右侧），选择合适的数值。

（4）自动测定开关。将该开关拨至“自动”位置，则自动测定功能开启，电脑水分计将与烘干机联动工作，对谷物的水分值进行自动测定；将该开关拨至“停止”位置，则自动测定功能关闭，即在烘干过程中不能通过电脑水分计自动测定谷物的水分值。

（5）手动测定按钮。按压该按钮，即可手动测定机内谷物的水分值，通常在自动提示灯熄灭时才可按压此按钮。

（6）水分值显示屏。在进行烘干作业、自动测定功能开启时，水分值显示屏会显示电脑水分计测定的平均水分值；在进行烘干作业、自动测定功能关闭时，水分值显示屏会显示设定的水分值。

（7）自动提示灯。在自动测定功能开启时，自动提示灯会亮起。注意，此灯点亮时无法进行手动测定。

三、安全装置和传感器

烘干机的安全装置和传感器如图 1–29 所示，其功能见表 1–7。

表 1–7　　烘干机安全装置和传感器的功能

序号	名称	功能
1	外界温度传感器	随时检测外界温度，控制热风炉的燃烧
2	循环确认传感器	随时检查驱动链是否运转，若不运转则表示热风炉熄火了
3	风压报警装置	随时检测送风量
4	火焰传感器	随时检查热风炉的燃烧状态
5	压力传感器	随时检查驱动链的状态，若驱动链出现破损或下部绞龙处有谷物堵塞，则应立即停止烘干机的运转
6	满量传感器	检测是否装满谷物
7	谷物温度传感器	每隔 10 min 检测一次谷物温度，若温度过高则会自动降温
8	异常过热传感器	随时检测热风温度

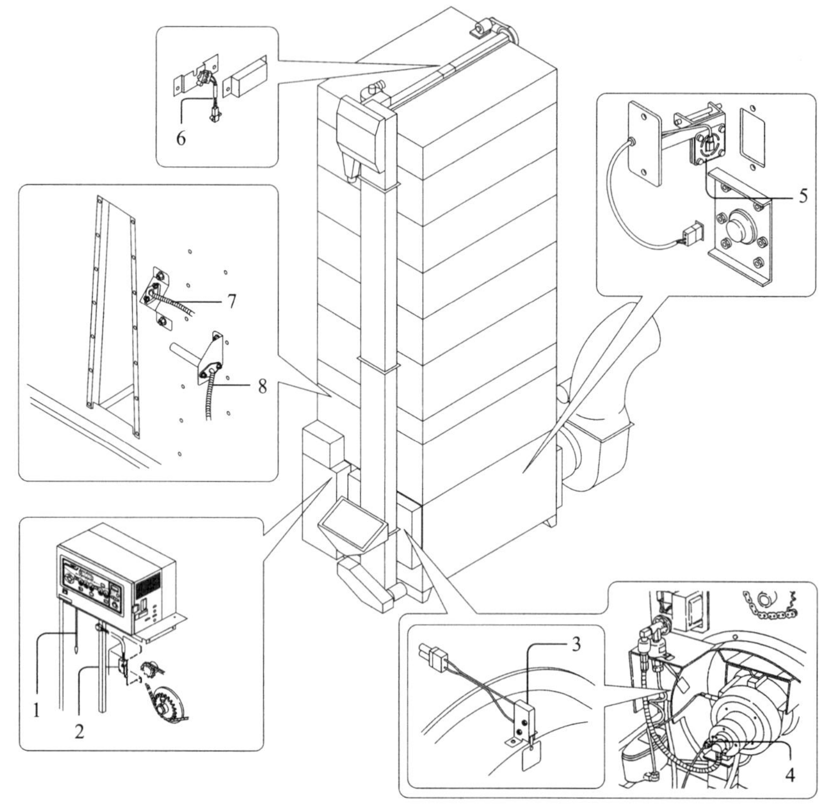

图 1-29　烘干机的安全装置和传感器

1—外界温度传感器　2—循环确认传感器　3—风压报警装置　4—火焰传感器　5—压力传感器　6—满量传感器　7—谷物温度传感器　8—异常过热传感器

当烘干机的安全装置和传感器工作时，往往会通过蜂鸣器发出警报，同时通过运转监视器发出灯光信号。

1. 风压报警装置

当烘干机工作时，如果进入热风炉的送风量因故减少，风压报警装置就会工作，停止燃料的供应（若是燃油型烘干机，油泵将会停止供油），热风炉熄火。风压报警装置一般位于送风机的侧面，也有位于热风机固定箱侧面的。

2. 火焰传感器

火焰传感器主要用于随时检查热风炉的燃烧状态。当热风炉的点火状态出现异常或者热风炉异常熄火时，火焰传感器将会工作，停止燃料的供应。火焰传感器一般位于送风机的前端。

3. 异常过热传感器

当送风量降低或热风炉异常燃烧而导致热风机内部过热时，异常过热传感器将会工作，停止燃料的供应。异常过热传感器一般位于热风机上部。

学习单元 4

电路和通风管路

一、电路

1. 点动控制电路

点动控制电路图如图 1–30 所示，它由主电路与控制电路组成。主电路包括电源开关 QS、熔断器 FU1、接触器 KM 主触点和电动机 M，控制电路包括熔断器 FU2、按钮开关 SB 和接触器 KM 线圈。合上电源开关 QS、按下按钮 SB 后，接触器 KM 线圈得电，接触器 KM 主触点闭合，则电动机 M 运转；松开按钮 SB 后，接触器 KM 线圈失电，接触器 KM 主触点断开，则电动机 M 停止运转。

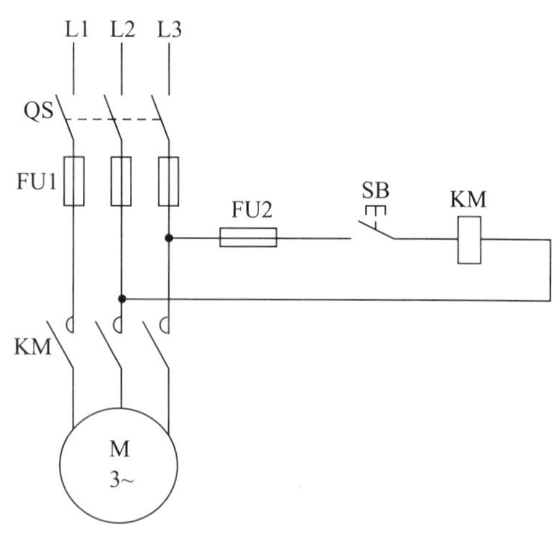

图 1–30　点动控制电路图

2. 连续运转控制电路

连续运转控制电路图如图 1–31 所示。与点动控制电路相比，连续运转控制电路增加了停止按钮 SB1 和接触器 KM 自锁触点，其中接触器 KM 自锁触点可以依靠接触器的常开触点（即主触点）使其线圈保持通电，从而起到自锁作用。合上电源开关 QS、按下启动按钮 SB2 后，接触器 KM 线圈得电，接触器 KM 主触点闭合，则电动机 M 运转；松开按钮 SB2 后，由于接触器 KM 自锁触点发挥作用，电动机 M 仍保持连续运转的状态；按下停止按钮 SB1 后，接触器 KM 线圈失电，接触器 KM 主触点断开，则电动机 M 停止运转。可在连续运转控制电路中增加热继电器 FR，其电路图如图 1–32 所示，以在发生过载、欠电压、失电压、短路等情况时进行电路保护。

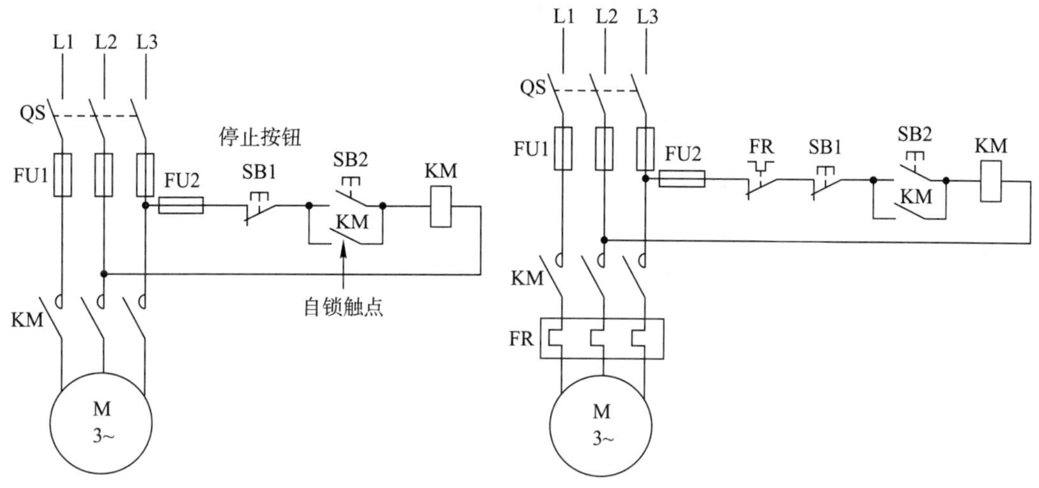

图 1–31 连续运转控制电路图

图 1–32 增加热继电器的连续运转控制电路图

3. 点动、连续运转控制电路

在连续运转控制电路的基础上，通常增加中间继电器 KA 来实现点动、连续运转控制功能，其电路图如图 1–33 所示。合上电源开关 QS、按下连续按钮 SB2 后，中间继电器 KA 通电、自锁，同时接通接触器 KM 线圈，再松开按钮 SB2，则电动机 M 实现连续运转；按下停止按钮 SB1 后，中间继电器 KA 不工作，能让其连续通电的自锁触点断开，释放停止按钮 SB1，再按下按钮 SB3，则接触器 KM 线圈接通、电动机 M 转动，再松开按钮 SB3 则接触器 KM 线圈断电、电动机 M 停止转动，从而实现了点动控制。

4. 正反转控制电路

正反转控制电路分为无互锁正反转控制电路和互锁（联锁）正反转控制电路。

（1）无互锁正反转控制电路。无互锁正反转控制电路图如图 1–34 所示，接触器 KM1 和 KM2 主触点在主电路中构成正、反转相序接线，使三相电源线两相对调从而改变电动机 M 的转向。但是，当同时按下按钮 SB2 和 SB3 时，接触器 KM1 和 KM2 主触点同时通电、动作，会造成主回路短路。

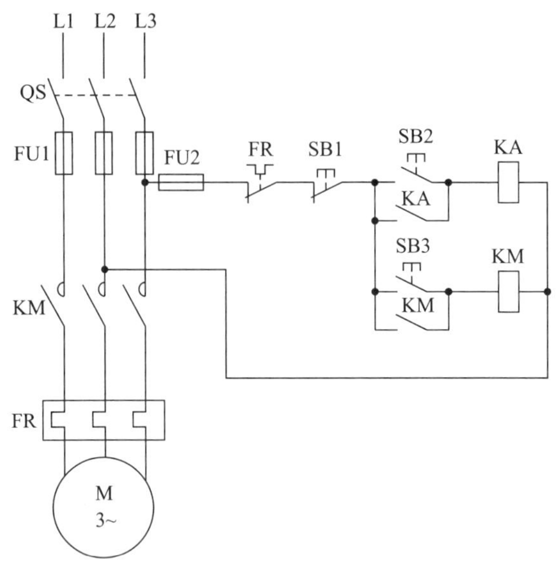

图 1–33　点动、连续运转控制电路图

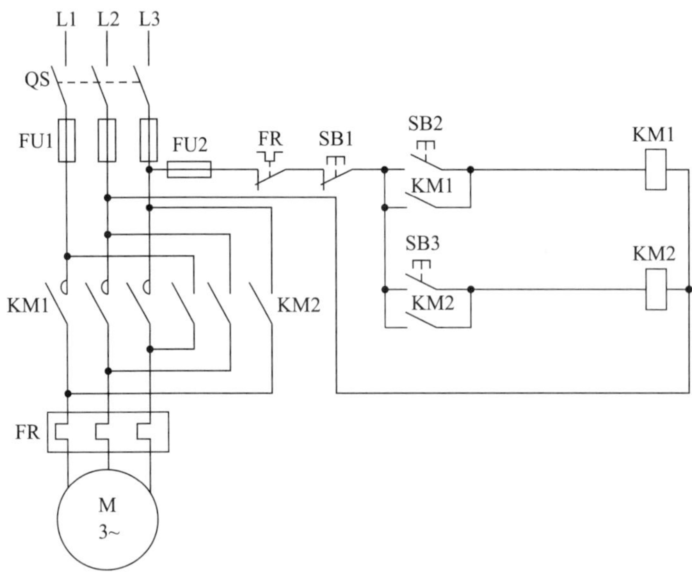

图 1–34　无互锁正反转控制电路图

（2）互锁（联锁）正反转控制电路。互锁（联锁）正反转控制电路图如图 1–35 所示。一般将接触器两个常闭触点互相制约的关系称为互锁或联锁，而这两个常闭触点称为互锁触点。

二、通风管路

应定期检查排风管是否破损，若破损应及时更换。

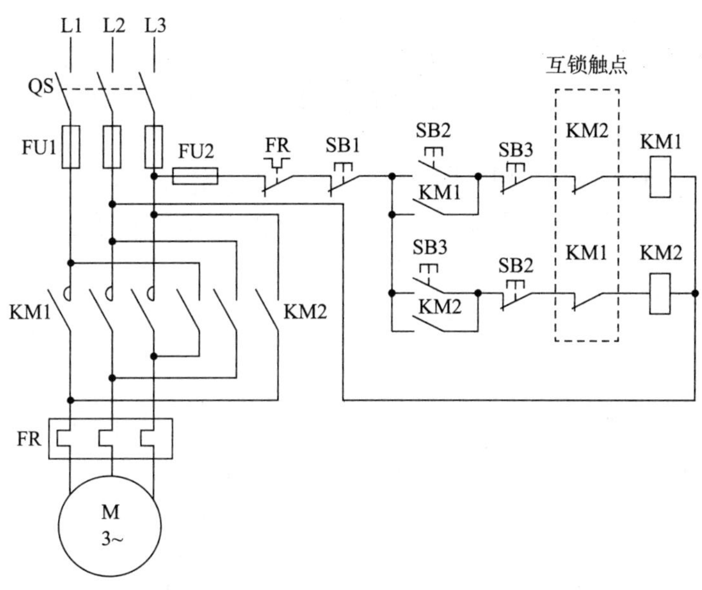

图 1-35 互锁（联锁）正反转控制电路图

排风管必须从固定位置拉直、延伸并用绳绑紧，如图 1-36 所示。不可以让排风管掉落在地，也不可以将其弯曲使用（应在弯曲处做接管），否则会影响烘干效果。排风管不可以弯折，如图 1-37 所示，否则燃烧性能会降低，或者因燃烧机燃烧不良而造成火灾。为了防止逆风进入排风管，需要安装遮风板，遮风板高约 1 m，排风管口距离遮风板至少 1 m，如图 1-36 和图 1-38 所示。

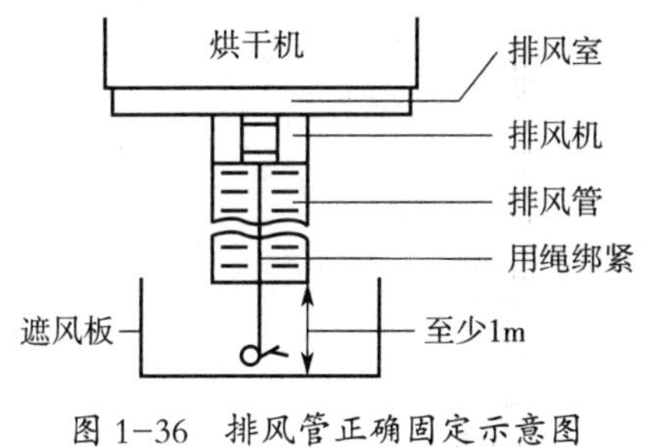

图 1-36 排风管正确固定示意图

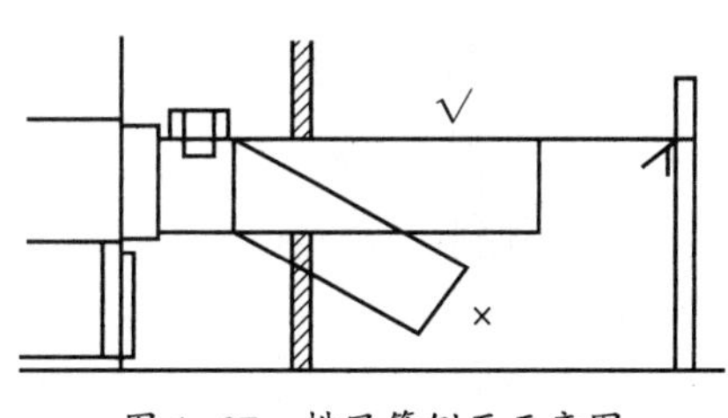

图 1-37 排风管侧面示意图

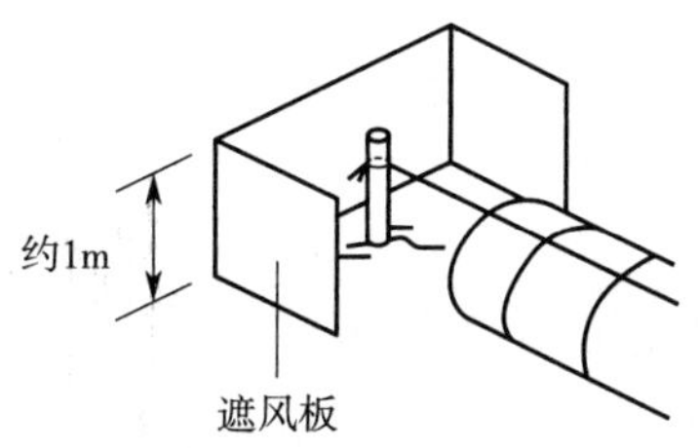

图 1-38 排风管遮风板示意图

测试题

一、判断题（将判断结果填入括号中，正确的填“√”，错误的填“×”）

1. 粮食烘干是指从粮食中排除部分水分以达到安全储存目的的传湿、传热的加工过程。（ ）

2. 粮食的烘干方法分别为自然烘干和人工烘干，其中人工烘干又分为辅助加热烘干和热风烘干。（ ）

3. 粮食由上部绞龙横向均匀撒下，经过一次烘干后在干燥部缓苏一段时间，再次流往储留部进行烘干，如此反复循环，直至达到预设水分值。（ ）

4. 当烘干后出现烘干过度的现象时，可将水分微调整旋钮旋向正数区域（即右侧），选择合适的数值。（ ）

5. 当烘干机工作时，如果进入热风炉的送风量因故减少，风压报警装置就会工作，停止燃料的供应。（ ）

二、单项选择题（选择一个正确的答案，将相应的字母填入题内的括号中）

1. 粮食烘干机是基于（ ）方法而设计、制造出的粮食烘干设备。

A. 热风烘干　　B. 辅助加热烘干

C. 自然烘干　　D. 晾晒烘干

2. 循环式烘干机采用（ ）的烘干技术，以及短时间受热、长时间缓苏的烘干工艺。

A. 大风量、高温、厚粮层　　B. 大风量、低温、薄粮层

C. 小风量、低温、薄粮层　　D. 小风量、低温、厚粮层

3. 热继电器利用电流的（ ）原理，使膨胀系数不同的双金属片发生形变。

A. 热效应　　B. 化学效应

C. 磁效应　　D. 以上都是

4. 在对除尘环境要求不高的地区，循环式低温粮食烘干机常采用的除尘方法是（ ）。

A. 旋风除尘法　　B. 离心除尘法

C. 布袋除尘法　　D. 自然沉降法

5. 随时检查热风炉燃烧状态的传感器是（ ）。

A. 风压报警装置　　B. 谷物温度传感器

C. 火焰传感器　　D. 异常过热传感器

测试题参考答案

一、判断题

1. √　2. √　3. ×　4. ×　5. √

二、单项选择题

1. A　2. B　3. A　4. D　5. C

培训任务 2

粮食烘干机操作

培训目标

- 了解烘干机操作安全常识。
- 熟悉烘干机开机前检查及不同物品的烘干操作。
- 掌握烘干作业质量检查方法。

操作知识概述

一、烘干机操作安全常识

了解烘干机操作安全常识，可有效避免人身伤亡及财产损失。

必须对烘干机的操作人员进行岗前培训，实行持证上岗的制度。操作人员在操作之前应仔细阅读贴于烘干机上的铭牌，熟悉“烘干机点检、保养与安全确认表”中的安全操作重点，从而保证烘干机的作业质量并且避免生产安全事故的发生。

1. 安全标志及含义

在操作烘干机之前，操作人员应先对铭牌上的安全警示内容进行了解，熟悉各安全警示标志的含义，规范地进行各项操作。如果忽视安全警示内容，不规范地操作烘干机，则可能会发生不必要的人身伤亡和财产损失。烘干机安全警示标志及其含义见表 2–1。

表 2–1　　烘干机安全警示标志及其含义

安全警示标志	含义
危险 DANGER	在此安全警示标志下的注意事项如不严格遵守，必然会造成严重的人员伤亡事故或引起火灾

续表

安全警示标志	含义
警告 WARNING	在此安全警示标志下的注意事项如不严格遵守，可能会造成人员重伤、死亡或引起火灾
注意 ATTENTION	在此安全警示标志下的注意事项如不严格遵守，可能会造成人员受伤或机器损坏
	此安全警示标志表示务必执行的内容
	此安全警示标志表示务必禁止操作的内容

2. 用电安全事项

烘干机与日用电器一样，外壳都是不带电的，但是如果烘干机漏电，则会导致其外壳带电，这种情况容易发生触电事故。注意，通常流过人体的电流超过 0.05 A 时就将危及生命，且人体的安全电压是 36 V。专职的电气操作人员应在了解烘干机性能和使用要求并熟悉烘干工艺流程的基础上，严格按照安全操作规程进行电气操作，同时必须严格遵守以下用电安全事项。

（1）应确保电源线能承受指定功率，且电源线长度适宜。

（2）除了必须将开关安装在火线上、合理选择导线和熔丝外，还必须对烘干机采取接地或接零的保护措施。对于电源没有接地中线的低压电网中的烘干机来说，可用其外壳作为“导线”接地。必须选择恰当的接地导线，其电阻值一般要小于 4 Ω，连接要可靠。

（3）除了进行点检或维修，控制箱门都要保持在关闭的状态，避免灰尘及异物进入控制箱内部。

（4）烘干机不得安装在高噪声环境中，否则可能引发控制箱故障或火灾。

（5）烘干机必须单独使用三相四线式无熔丝开关（见图 2–1），且不可与其他机器

一起共用电源。三相四线式无熔丝开关具有过电流保护功能，当电流超过额定值时，其内部的金属簧片就会自动开路，从而保护电路。应使用正规厂家生产的、具有国际质量体系认证标志的三相四线式无熔丝开关产品。

（6）烘干机的电源必须安装漏电断路器（见图 2–2），并从有漏电断路器的位置开始配线。必须使用正规厂家生产的、具有国际质量体系认证标志的漏电断路器产品。

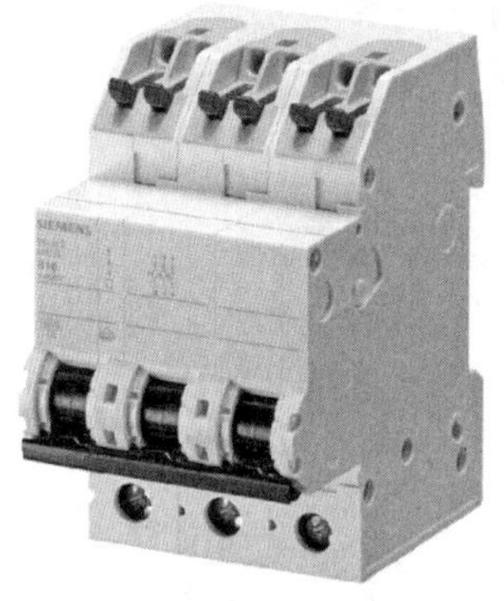

图 2–1　三相四线式无熔丝开关

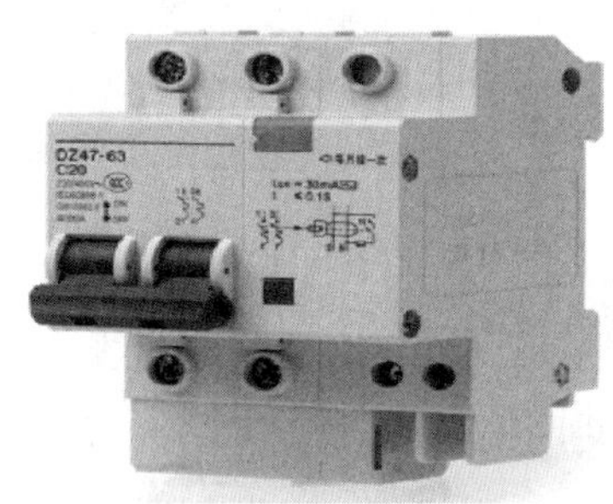

图 2–2　漏电断路器

（7）当三相四线式无熔丝开关的接线铜片及接线端子锈蚀或者接触不良时，应及时清洁、更换或者锁紧，否则可能会引发触电、火灾等生产安全事故。

（8）在保养烘干机或长期不使用烘干机时，要关闭三相四线式无熔丝开关，其位置如图 2–3 所示，并将堆积在烘干机内的稻梗、灰尘等及时清理干净，否则可能会引发触电、火灾等生产安全事故。

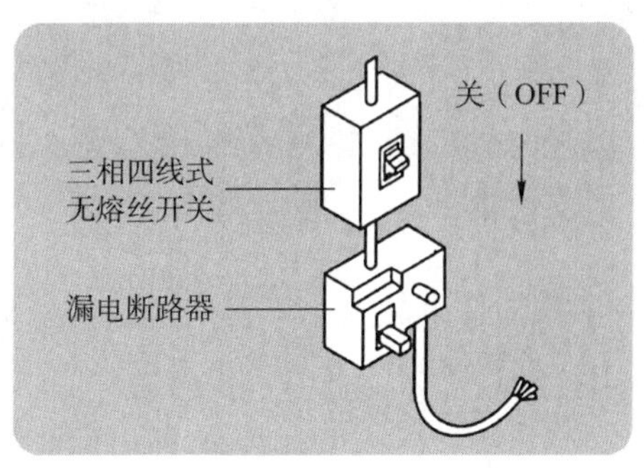

图 2–3　三相四线式无熔丝开关位置

（9）操作人员再次使用烘干机时，应详细检查烘干机的各个部位，并做好各项准备工作，规范地重新启动烘干机。

（10）操作人员在拔出连接器（见图 2–4）之前，必须先关闭烘干机的电源开关，并在拔出时握紧连接器。切勿用沾水的手操作，以免引发触电、火灾等生产安全事故。

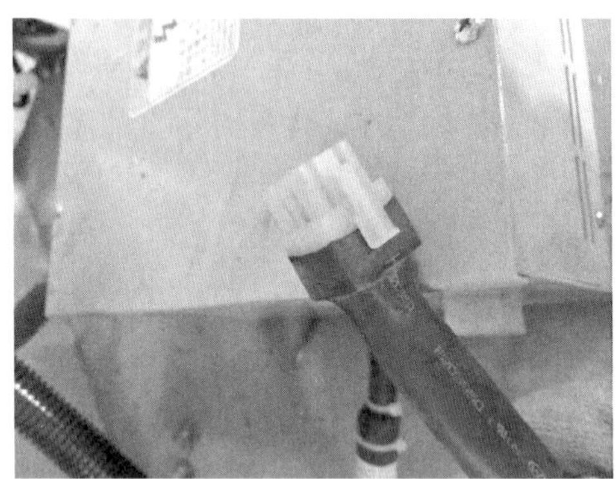

图 2-4　连接器

（11）操作人员应定时检查电源线、配电盘、电动机等零件或设备，对其进行维护保养以保证使用安全。

（12）在对烘干机进行电源配置或者对损坏的零件进行维修时，应由经销商派具有电气施工资质的人员进行操作。

（13）不得使用破损的电源线（见图 2-5）和破损或松动的连接器。

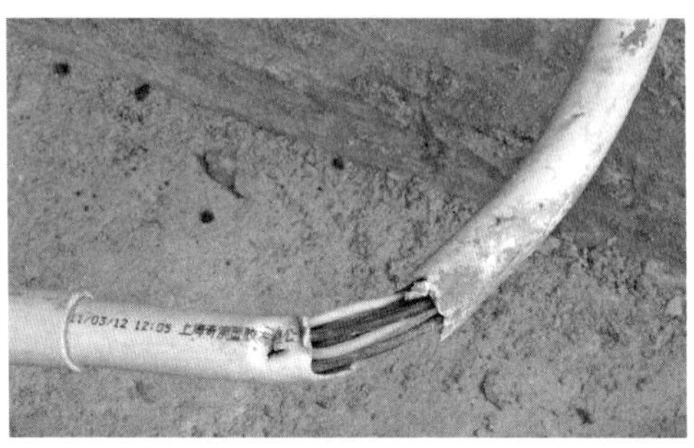

图 2-5　破损的电源线

（14）进行电气操作时不得损坏电源线，不得擅自加工、弯曲、拉扯电源线或在其上挂重物等。同时，不得用控制箱为其他设备提供电源。

3. 检查安全事项

为了保证操作人员的人身安全，在检查烘干机时应严格遵守以下检查安全事项。

（1）操作人员必须穿戴合身的工作服、防滑鞋、安全帽、护目镜、手套和口罩，在高空检查或处理故障时还应佩戴安全带。

（2）在检查烘干机时必须关闭电源开关、拔掉烘干机电源插头，并在电控柜上悬

挂“维护保养中禁止操作”的警告牌。

（3）在烘干机运转期间发生故障而需要检修时，不得打开进气口盖，否则容易导致烧伤事故。

（4）在需要照亮时，只能使用手电筒（见图 2–6）。不得在烘干机内部使用有延长线的照明灯，因为延长线可能被划破而导致漏电。

图 2–6　手电筒

（5）在检查过程中应保持烘干机排气通畅，否则排出的气体（若有）可能积在室内，危害操作人员的身体健康。

（6）不得将电源线置于通道中，否则操作人员可能被绊倒而受伤。

（7）烘干机停机后其燃烧室温度很高，如果操作人员需要对燃烧室进行检查，应等其完全冷却以防烫伤。

（8）在每烘干 5 ~ 6 次后，应检查燃烧室内有无积炭（见图 2–7）。严禁烘干时使用劣质燃料，因为劣质燃料燃烧时易产生积炭。当燃烧室内有积炭时，应及时联系经销商进行点检，如检查风门开度是否正确、燃料能否充分燃烧等。如果不按以上规范执行，可能会造成烘干不均匀或者引发火灾。

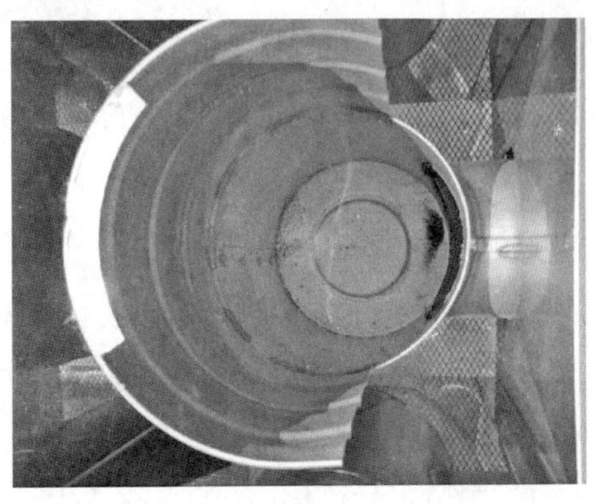

图 2–7　燃烧室积炭

（9）在每烘干 5 ~ 6 次后，应用高压空气或者柔软毛刷清除燃烧室内表面的灰尘。

如果发现燃烧室有异常变形、破损、灰尘堆积等情况发生，应及时联系经销商进行点检，如检查燃烧机是否出现故障、热风炉的燃烧是否异常。如果不按以上规范执行，可能会引发火灾或者爆炸事故。

（10）操作人员需要定期检查底座热风管路下方的网板（见图 2–8），若有堆积的谷物、秸秆等应及时清理干净，若存在其他异常情况应排除后再进行烘干作业。如果不按以上规范执行，可能会引发火灾或者其他重大生产安全事故。

（11）在入谷后、烘干前需要打开热风室的门板，检查热风室内有无漏谷现象。如果热风室漏谷，严禁启动烘干机并应及时维修。如果不按以上规范执行，可能会引发火灾。

（12）当谷物含水率高于 25% 或者谷物不干净、夹杂率高时，需要在开始烘干前停机，打开底座的扫除口盖，将杂物等清除干净后再进行烘干作业，即要保证底座清洁。如果不按以上规范执行，可能会造成烘干不均匀或者火灾的发生。

（13）在烘干机开始作业一周后，要将烘干机的热风管路、排风管路（见图 2–9）和所有网孔都清扫干净，而且生物质燃料中灰尘、谷屑、秸秆等杂物越多，燃烧品质越差，清扫工作越要频繁进行。如果不按以上规范执行，可能会造成烘干不均匀或者火灾的发生。

图 2–8 底座热风管路下方的网板

图 2–9 烘干机的排风管路

4. 操作安全事项

为了保证操作人员的人身安全，在使用烘干机时应严格遵守以下操作安全事项。

（1）在烘干机运转时，操作人员应远离或者减少接触安全警示标志所警示的危险区和危险部位，如不要触摸热风机，也不要将热风机移出固定位置。如果不按以上规范执行，可能会导致操作人员烧伤或者无法预测的事故发生。

（2）烘干机厂房要保持整洁，不要随意堆放杂物等，否则可能会引发火灾或者无法预测的事故。

（3）操作人员接通电源后，为保险起见，应避免再打开电控柜。如果不按以上规范执行，可能会因漏电而引发触电事故。

（4）在烘干机运转过程中严禁打开顶层安全盖（板、门）（见图 2–10）、干谷出料斗门板（见图 2–11）、扫除口盖（见图 2–12），否则可能会被运转的链条、传动带、绞龙卷入机器，导致严重的人身伤亡事故。

图 2–10　顶层安全盖（板、门）

图 2–11　干谷出料斗门板

（5）严禁在烘干机运转过程中强行关闭电源开关或者拔下某个连接器，否则可能导致机器发生故障或者短路。

（6）严禁在烘干机运转过程中使用交直流电焊机或者切割机。当需要在烘干房内使用交直流电焊机或者切割机时，应关闭烘干机电源开关，待焊接或者切割作业结束再进行烘干作业。如果不按以上规范执行，可能会导致电控柜出现故障或者引发火灾。

（7）操作人员在烘干机运转时最好佩戴听力保护用具（见图 2–13），因为烘干机运转时会发出很大的声响，佩戴听力保护用具可以在一定程度上避免听力受损。

图 2–12　扫除口盖

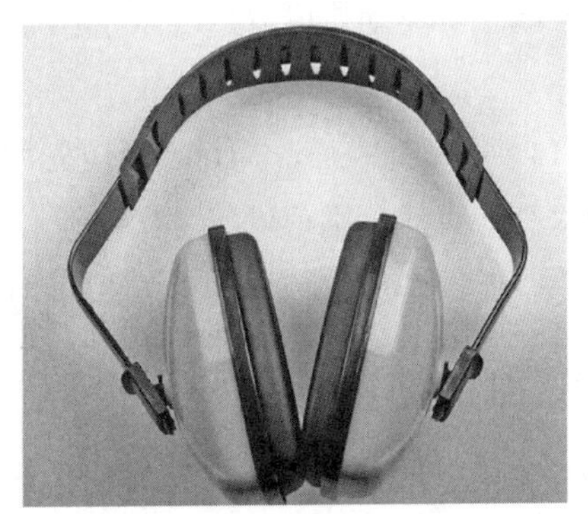

图 2–13　听力保护用具

（8）在烘干机运转过程中，空气中的粉尘含量很高，操作人员需要佩戴口罩。

（9）在烘干机运转过程中要保证烘干房内空气充分流通，如图 2–14 所示。如果空气流通不畅，可能会导致烘干效率变差，同时操作人员也可能发生意外。

（10）在烘干机运转过程中应将试料取出器放入取样口取样，如图 2–15 所示，严禁用其他物品或手指取样。

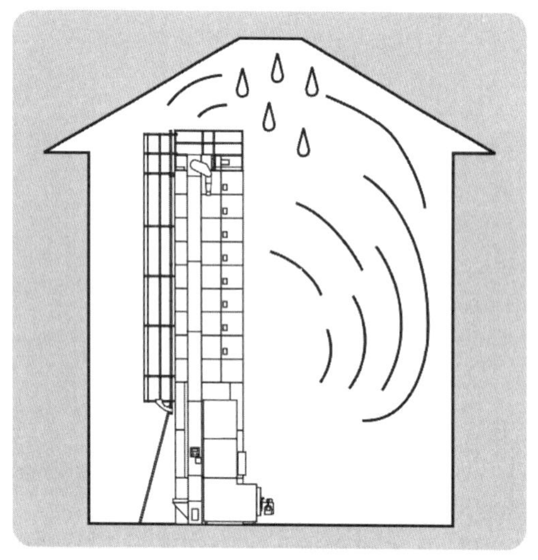

图 2–14　烘干房内空气充分流通

图 2–15　用试料取出器取样

（11）严禁在拆下排风管的情况下运转烘干机，否则，操作人员可能会被卷入机器而导致不必要的人身伤害。

（12）严禁在拆下探视盖板的情况下运转烘干机，否则，操作人员可能会被卷入机器而导致不必要的人身伤害。

（13）通常谷物到达干燥部后马上开始循环烘干，即一边入料一边烘干。但是，当谷物含水率过高时，操作人员应打开底座左右侧板处的扫除口盖，观察谷物的流动状况，若能正常流动才可以进行烘干作业。如果不按以上规范执行，可能会导致烘干不均匀。

（14）烘干结束后，操作人员应先用便携式谷物水分检测仪检测干谷水分值，若与预期水分值无异，则再进行排出作业。如果不按以上规范执行，可能会导致谷物因烘干不完全而霉变，从而造成不必要的财产损失。

5. 其他安全事项

（1）烘干机需要放置在室内平整的地面上，其周围要保证每日打扫干净，且无杂物堆积，如图 2–16 所示。烘干机旁 1 m 内应保证空间开阔，不应放置任何物品，如

图 2-17 所示。

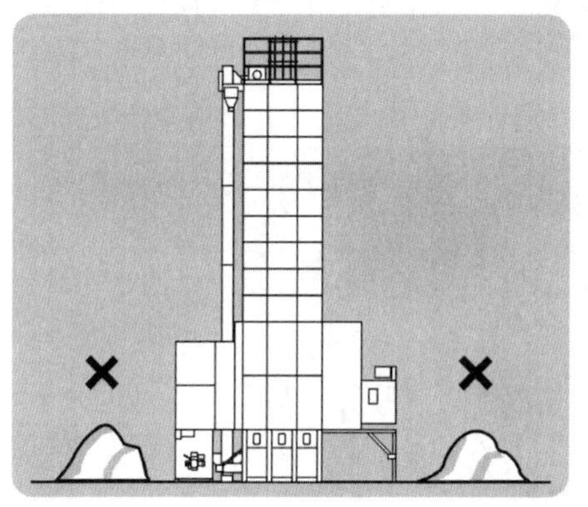

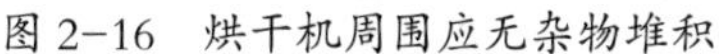

图 2-16　烘干机周围应无杂物堆积

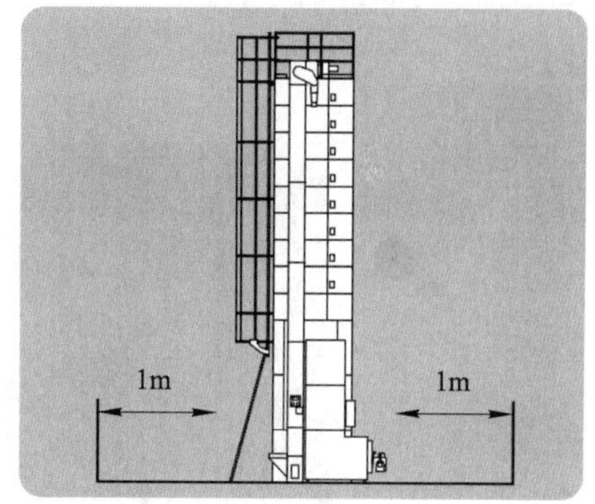

图 2-17　烘干机旁 1 m 内不放置任何物品

（2）进行高空焊接作业时，作业下方应做好防火措施。

（3）烘干机应该定期停机，在排除全部谷物后，清理机内及各管道内的粉尘、秸秆等异物。

（4）如果需要提高热风炉输出的热风温度，注意不得超过额定输出热量时热风温度的 15%，且运行时间不得超过 2 h。

1）若发现热风管内有火花，如图 2-18 所示，则应立即关闭电源开关，检查并消除火花来源。

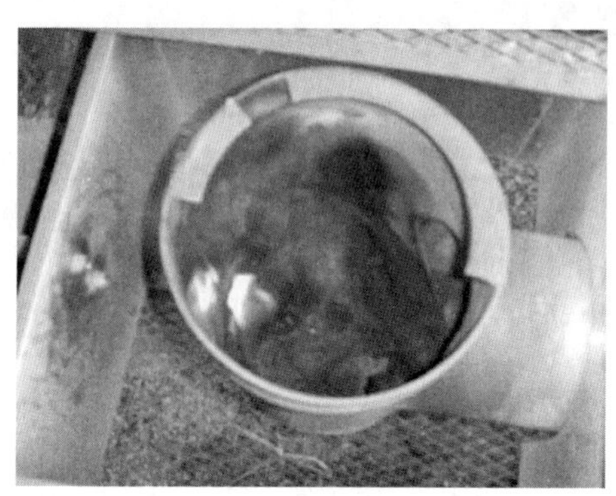

图 2-18　热风管内有火花

2）若发现烘干机所排气体中有烟或者烧焦的气味，则应立即采取以下措施。

①对烘干机实施紧急停机操作，关闭所有风机及进风闸门。

②打开紧急排粮机构，排出机内谷物及燃烧物。

③清理机内残余燃烧物，判断事故原因，在消除隐患后才可以再次开机。

（5）烘干机旁需要设置灭火器，如图 2-19 所示。操作人员应熟知灭火器的使用方法和注意事项，并定期确认灭火器的有效期限。若灭火器已过期，应联系专业机构更换灭火器的内部药剂。若发生火灾，应在火灾初期及时开启灭火器对准火焰根部灭火。

图 2–19　灭火器

二、常用油料

1. 燃油性质

烘干机常用的燃油有煤油和柴油。在条件允许的情况下最好使用煤油，或者可以选择符合国家标准的车用柴油。

纯煤油为无色透明液体，含有杂质时呈淡黄色，略有臭味。煤油完全燃烧时亮度足、火焰稳定、不冒黑烟、无明显异味，对环境污染较小。

柴油是柴油机的燃料，其特点是燃点低、黏度大、密度大、闪点高、性能稳定，且在运输和储存过程中不易挥发和变质。优质柴油为淡黄色或浅棕色液体。国家标准《车用柴油》（GB 19147—2016）将车用柴油按凝点进行分级，分为 5 号、0 号、–10 号、–20 号、–35 号、–50 号共计 6 个牌号。

在选择燃油时要选择优质油品，因为劣质油品会导致燃烧机积炭，容易引发火灾。在更换燃油之前，操作人员应检查燃烧机的积炭情况并及时清理。剩余燃油存放过久时不应继续使用，应更换新燃油。

2. 机油性质

机油主要指发动机润滑油，具有润滑、辅助冷却、密封防漏、防锈蚀、减震缓冲等作用。机油由基础油和添加剂两部分组成。基础油是机油的主要成分，决定着机油的基本性质；而添加剂可弥补和改善基础油在性能方面的不足。机油分为柴油机油和汽油机油。我国的机油分类法参照 ISO（国际标准化组织）分类法。国家标准《汽油机油》（GB 11121—2006）将汽油机油分为 SE、SF、SG、SH、GF-1、SJ、GF-2、SL、GF-3 共计 9 个品种。国家标准《柴油机油》（GB 11122—2006）将柴油机油分为 CC、CD、CF、CF-4、CH-4、CI-4 共计 6 个品种。

通常按烘干机产品使用说明书要求并结合使用条件（如工作环境温度等）来选择机油。

3. 润滑脂性质

润滑脂俗称黄油，如图 2-20 所示。目前，我国生产和销售的常见润滑脂有钙基润滑脂、钠基润滑脂、钙钠基润滑脂、复合钙基润滑脂、锂基润滑脂等。钙基润滑脂抗水性好，不耐热和低温，适用于农机具的大部分轴承。钠基润滑脂耐热性较好，但是不耐水，适用于工作环境温度在 -10 ~ 120 ℃的中等负荷电动机轴承和拖拉机轮毂轴承等不与水接触的部位。钙钠基润滑脂的性质基介于上述两者之间，适用的工作环境温度在 0 ~ 80 ℃。复合钙基润滑脂适用于工作环境温度在 120 ~ 150 ℃的摩擦部件，如车辆轮毂轴承等。锂基润滑脂抗水性较好，耐热性和耐寒性也较好，适用的工作环境温度在 -20 ~ 120 ℃，它可以取代其他润滑脂而用在拖拉机、联合收割机上。国家标准《润滑剂和有关产品（L 类）的分类 第 8 部分：X 组（润滑脂）》（GB/T 7631.8—1990）将润滑脂按稠度分为 000、00、0、1、2、3、4、5、6 共计 9 个等级，号数越大，润滑脂越黏稠。烘干机所用的润滑脂通常采用 2 号或者 3 号，操作人员在添加润滑脂之前要仔细阅读烘干机产品使用说明书，根据具体要求选择适宜的润滑脂。

图 2-20 润滑脂

学习单元 2

开机前检查

一、电路检查

开机前要对烘干机的电路进行检查，检查内容具体如下。

1. 检查电源主开关上是否安装漏电断路器，如图 2–21 所示。漏电断路器是一种开关装置，起到保护电路和烘干机的作用，可以在过载、短路时有效避免人身伤害事故或火灾的发生。

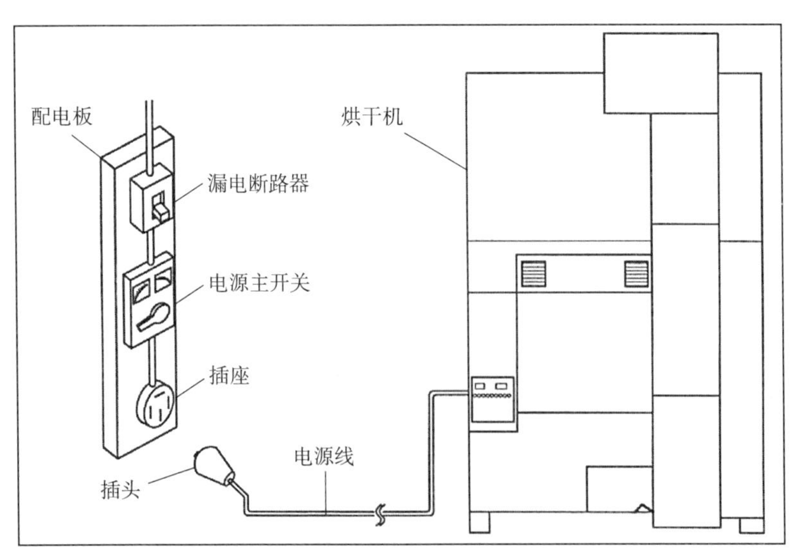

图 2–21 电源主开关上安装漏电断路器

2. 检查接地钉是否接地。

3. 检查电线是否破损，若有破损应及时更换，因为破损的电线可能导致漏电。

4. 检查主机接地线（见图 2–22）是否接地。

图 2–22 主机接地线

5. 将电源插头插入插座并打开电源开关，观察电源指示灯是否正常亮起。

二、通风管路检查

开机前要对烘干机的通风管路进行检查，检查内容具体如下。

1. 检查排风机，要将防止老鼠进入的遮挡布（或遮挡板）拆卸下来，如图 2–23 所示。

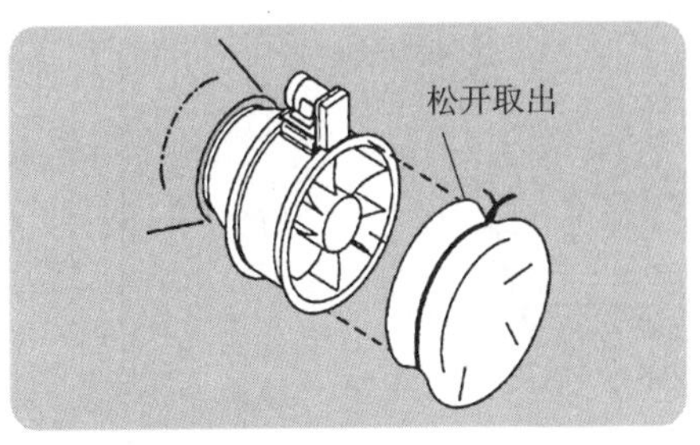

图 2–23 将遮挡布拆卸下来

2. 检查排风机的排风管是否完好，延伸途中是否弯折，管口距离遮风板是否在 1 m 以上。应避免排风管松动、弯折或被挤压，否则灰尘可能被滞留在排风管中，导致排尘、烘干效率下降。

3. 在启动烘干机之前应检查排尘系统是否通畅，排尘管应拉直且向下排放，同时避免其被杂物堵塞。

4. 集尘室的对外排风口总面积应至少大于排风机出口总面积的 1.5 倍，否则灰尘会倒灌回烘干房。

5. 检查风机系统，风机叶片（见图 2–24）应无损坏、变形等情况，叶轮应转动灵活，风量风向调节装置应灵活可靠。

图 2–24　风机叶片

三、油路检查

1. 检查油箱及油路管线有无漏油情况。若有漏油情况，应联系经销商进行修理。

2. 检查油箱是否符合规格。应使用配置的标准油箱，如图 2–25 所示；不要使用大油桶，如图 2–26 所示。

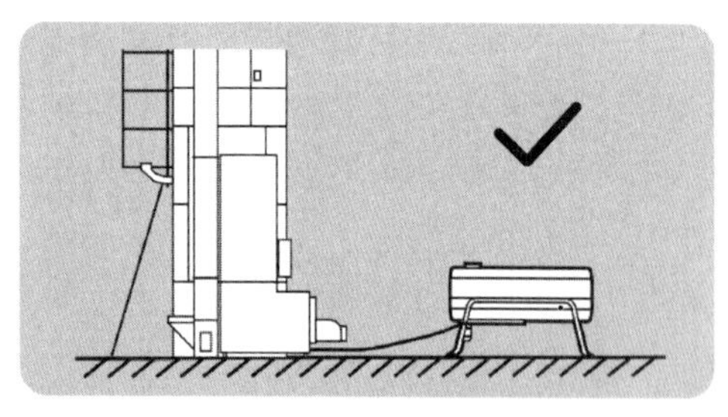

图 2–25　使用配置的标准油箱

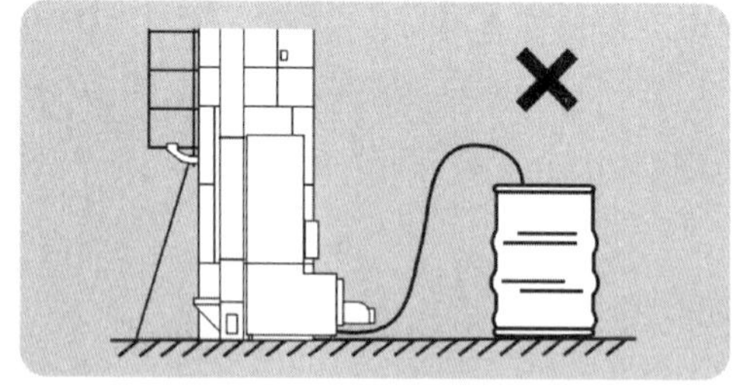

图 2–26　不要使用大油箱

3. 在烘干机停机状态下进行加油作业，因为如果在烘干机运转时加油，将会引发火灾或造成燃烧机熄火。另外，加油时严禁烟火。

四、机械设备或部件检查

开机前操作人员应对粮食烘干机及其配套设备的结构安全进行检查，应符合《粮食干燥机运行安全技术条件》(NY 1644—2008) 规定的要求。在开机前操作人员还应对以下机械设备或部件进行仔细检查。

1. 热风炉

(1) 清除炉膛、沉降室、后炉及各烟道、风道内的建筑垃圾或安装遗留物。

(2) 炉墙和炉拱应无虚砌情况，炉门关闭时应严实、无缝隙。

(3) 炉门、灰门、渣门及拨火门应开启方便、关闭严密，调节门、阀门及闸门应操作灵活。

(4) 附属设施应完整、齐全，各运转部位应按要求加注润滑剂。

(5) 检查和调节各紧固件、传动件的松紧度。

(6) 检查引烟机与热风机的联锁电路是否安全，正常情况是热风机不启动则引烟机无法启动，热风机停止则引烟机同时停止。

(7) 炉排应运动平稳、松紧度适宜，应无卡滞、跑偏、拱起、异响等现象，点火前应空载试运行 4 h 以上。

(8) 燃料闸板应动作灵活、便于操作，升降位置应准确。

2. 提升机

(1) 检查并更换损坏的畚斗，紧固畚斗带接头螺栓和畚斗螺栓。

(2) 抽出提升机底座的插板并进行清理，确认无杂物堵塞后装回插板。

(3) 启动电动机，检查转动方向是否正确，防逆转装置是否可靠工作。

(4) 检查畚斗带的运行状态，应无跑偏、打滑、颤动等现象，畚斗带的偏移量应不大于 10 mm。

3. 带式输送机

(1) 检查皮带的表面和接头处，不应破损或有裂口。

(2) 检查托辊，托辊应转动灵活且基本保持在同一直线上，以保证与输送带均匀接触。

(3) 检查输送带张紧度并进行适当的调整。

(4) 启动电动机，观察输送带是否跑偏。

4. 绞龙

（1）对于 U 形绞龙，应将其上盖打开，清除壳体内和吊杆轴承处的残留物料。

（2）手动转动螺旋叶片轴，检查各叶片的完整性，观察各叶片与壳体之间的间隙（应在 10 ~ 12 mm），必要时调整轴承座位置或对叶片进行修整。

5. 刮板输送机

（1）清除刮板槽内的杂物，进料口、出料口应通畅。

（2）检查刮板与链条的连接处，应平整、连接准确、无歪斜现象。

（3）点动驱动电动机，观察刮板链条及刮板，刮板链条不应跑偏，刮板不应与壳体发生撞击。

6. 粮食清选机

（1）清除筛面及入粮口、出粮口的杂物。

（2）检查并调整机架，保证机架水平。

（3）检查各传动件、传动带的状况并进行必要的调整。

（4）检查筛孔，应通畅、无影响作业质量的损坏部位，且筛孔规格应符合待烘干粮食的要求。

（5）检查清理刷的完好性。

（6）检查滚筒筛的滚筒及托辊，应运转灵活。

（7）根据待烘干粮食的需要，检查并调整筛面的角度及摆幅。

（8）检查振动筛两台电动机的转向和开停状况，两台电动机应相向旋转并配有电气联锁装置，保证同时启动或停止。

（9）在保证安全的前提下，启动电源空转 30 min，应无异常的振动、碰撞、噪声，轴承温升不超过 30 ℃，所有螺栓、连接件不应松动。

烘干作业

一、烘干作业方法

1. 通常烘干

通常烘干是指让燃烧机燃烧供给热风进行烘干，并利用电脑水分计的自动测定功能，当谷物含水率达到预设水分值时烘干机能自动停止的烘干方法。

2. 通风烘干

通风烘干是指燃烧机停止燃烧，在常温下进行烘干的方法。当烘干机燃烧机出现故障，无法提供热风时，可以采用这种方法进行应急烘干。

3. 二段烘干

二段烘干是指在烘干过程中暂时停止，将谷物缓苏数小时后再次实施烘干作业的方法。使用二段烘干的情况有两种：一是谷物来自数块不同的田地或者收割前部分倒伏，含水率有 3%～4% 的差异；二是未熟谷物过多、谷物含水率很高。进行二段烘干时，通常先将谷物烘干到含水率约为 18%，然后停止烘干，经过 4～6 h 的缓苏，再将谷物烘干到所需的含水率。

二段烘干具有以下优点：缓苏后缩小谷物的含水率差异；降低爆腰率，提高烘干效率和谷物的烘后品质；可以在晚上外部相对湿度高时停止烘干进行缓苏，节约能源的同时排除噪声干扰。

4. 定时烘干

定时烘干是指设定烘干时间的一种计时烘干方法。定时烘干通常用于已完成烘干的谷物需要再稍微烘干时。在定时烘干和电脑水分计自动测定的情况下，烘干机会按先结束的那个信号来停止运转。

二、粮食清选机启动前的确认

1. 机器周围环境的确认

在启动粮食清选机之前，操作人员应确认机器周围没有障碍物或者易燃物。粮食清选机周围 1 m 内不应堆放杂物，以保证作业环境的整洁。

2. 三角带和链条的确认

在启动粮食清选机之前，操作人员应检查三角带张力状况和链条状况。粮食清选机的结构如图 2-27 所示。

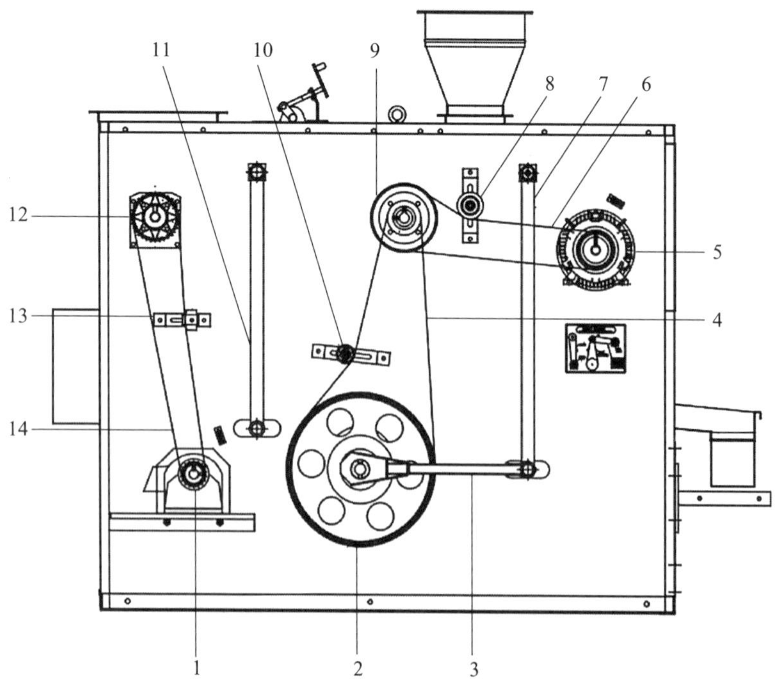

图 2-27　粮食清选机的结构

1—喂料电动机链轮　2—筛选带轮　3—摇杆　4—三角带 A　5—风机电动机带轮　6—三角带 B　7—吊杆 A　8—辅助调整轮 A　9—风机带轮　10—辅助调整轮 B　11—吊杆 B　12—入料回转阀链轮　13—辅助调整链条座　14—链条

检查三角带张力状况时，用食指压住三角带向下按 15 mm，松手后三角带应能迅速回弹，如图 2–28 所示。如果三角带因受损、龟裂而失去弹性，应及时更换。

检查链条状况时，先确认链条表面完好、无损坏处；再转动喂料电动机链轮，它应能带动入料回转阀链轮转动，若不能则左右移动辅助调整链条座的滑块，调整链条的张紧度，直到两个链轮能通过链条进行传动。

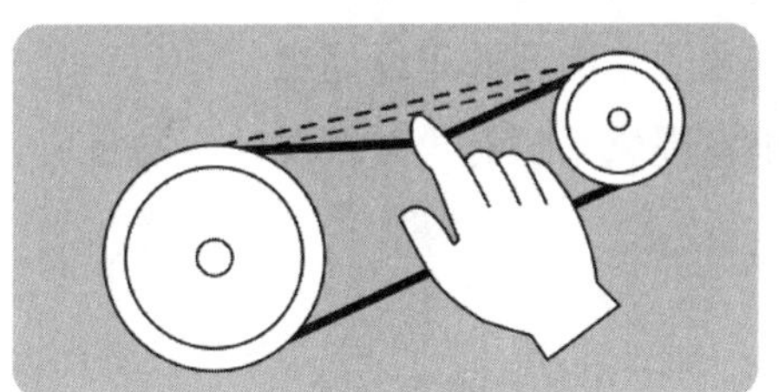

图 2–28　检查三角带张力状况

3. 电源线和接地线的确认

在启动粮食清选机之前，操作人员应检查主电源线（见图 2–29）、电动机电源线、接地线等是否连接良好，并查明有无缺相或者漏电的风险。当电源线或者接地线损坏时，需要及时更换。操作人员还应确认接地钉是否插入地下 50 cm 以上，如图 2–30 所示。

图 2–29　主电源线

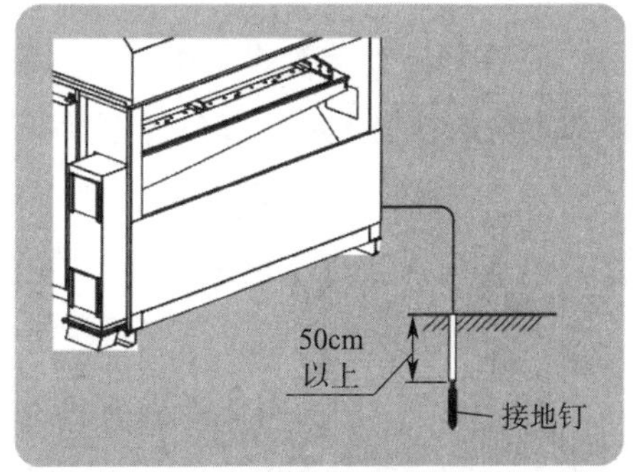

图 2–30　接地钉插入地下

4. 安全盖的确认

在启动粮食清选机之前，操作人员应确认各类安全盖安装完好。

三、通电

注意 ATTENTION

> 在通电前，一定要将所有扫除口盖关上，并将所有护罩装上并锁紧。
> 在确认周围安全后才能开始进行通电。
> 在通电后如果发现烘干机有异常情况，应马上关闭电源开关。

1. 操作人员将电源插头插入插座，确认电源线的长度适合。

2. 开启电源开关，操作人员确认各电动机是否有序启动，若没有正常启动，则运转监视器会显示异常信息。

3. 关闭电源开关，各电动机应有序停止。

四、入谷试运转

危险 DANGER

入谷时，严禁将手伸进湿谷入料斗。

注意 ATTENTION

> 在将谷物装进烘干机之前，需要用粮食清选机对其进行筛选，避免将掺杂杂物的谷物入料，以免发生烘干不均匀、容量不足的情况。

> 当入谷至满仓状态时，烘干机通常会发出蜂鸣声或亮起提示灯以提醒，但是不会自动停止，操作人员需要随时观察是否满仓并及时停止入料。入料过多所造成的满载是烘干机故障的主要原因之一。

> 当还有 2～3 袋谷物不能再入料时，在烘干机开始烘干后，谷物体积由于水分的蒸发会减小，故应在开始烘干的 1 h 内继续入料（此时入料不会造成烘干不均匀）。

> 追加的谷物过多会导致烘干机出故障，操作人员应注意避免。如果因

为超负荷而导致提升机电动机停止或者空转，应清除分散盘附近的谷物并排出过量的谷物，再重新运行烘干机。

- **在处理含水率极高的谷物时为了防止架桥（架桥是指潮湿的谷物粘连在一起阻碍后面谷物正常流动的现象），操作人员应在入料后立即进行循环烘干。**
- **当入谷量到达最上面的显示窗时，操作人员应随时观察入谷量（不应超过最上面的显示窗），同时减少入谷速度。**
- **入谷结束时，操作人员必须关闭湿谷入料斗门板。**

1. 开启电源开关，电源灯亮，将排出拉绳拉到“关”位置；先按压连续按钮再按压设定按钮；按压入谷按钮，开始进行入谷作业。入谷主要操作流程如图 2–31 所示。

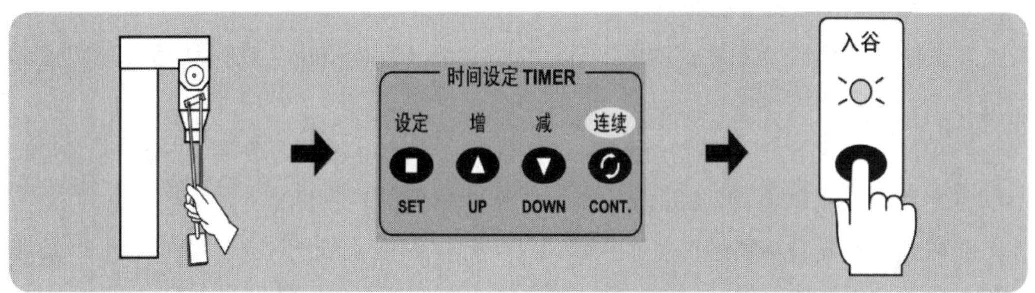

图 2–31　入谷主要操作流程

2. 烘干机处于运转状态，打开湿谷入料斗门板，就可以倒入待烘干的谷物，如图 2–32 所示。

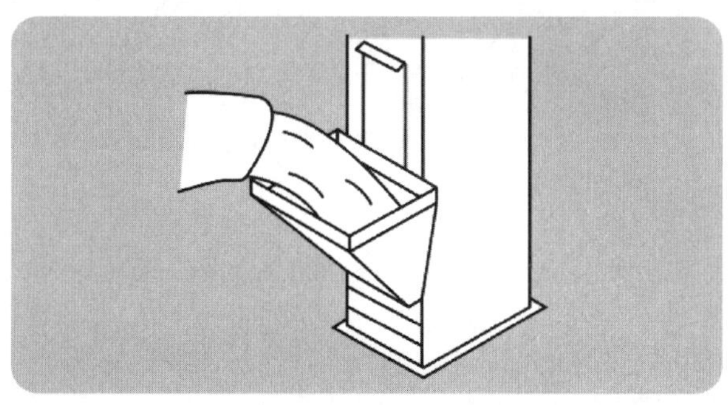

图 2–32　将待烘干的谷物从湿谷入料斗倒入

3. 入谷结束后应按压停止按钮，待烘干机停止运转后关闭电源开关。

五、烘干试运转

危险 DANGER

➢ 在烘干机试运转过程中，如果遇到燃油不够的情况，应先停机，在切断电源后补充燃油。在将燃料加入油箱中时，务必保证烘干机没有启动。

➢ 严禁操作人员攀爬到干谷出料斗顶部，否则可能因坠落而受伤。

➢ 严禁无人看管而让烘干机独自运转。

➢ 运转中的烘干机很热，严禁触摸。

在正式烘干谷物之前，应先对烘干机进行烘干试运转，保证烘干质量的同时避免发生意外。烘干试运转方法如下。

1. 在保证安全的情况下启动烘干机，空载运转 10 ~ 15 min，在确认运转一切正常后进行入谷操作。

2. 在对该年度收割的谷物进行第一次烘干时，应将热风温度调至比标准温度低 3 ~ 4 ℃，将水分值调至比目标值高 0.5% 左右，如图 2–33 所示。

3. 在烘干机装满谷物后，点火供热风，当热风温度达到所需值且稳定后进行循环烘干，或者先进行循环烘干，待谷物达到所需含水率后再进行连续烘干。

a） b）

图 2–33 烘干试运转的温度和水分值设定

a）温度设定 b）水分值设定

不同烘干谷物的烘干操作

一、不同烘干谷物特点及烘干参数设定

1. 过熟收割和易发生爆腰的稻谷特点及烘干参数设定

过熟收割和易发生爆腰的稻谷含水率已较低，由于反复受到阳光、风雨、露水的干湿作用影响，如果按正常速度烘干，则容易出现爆腰率增大、碎米增多的现象。当稻谷过熟还未收割而在田里已出现爆腰现象，或者易爆腰品种以及大量的遇冷害稻谷、碎米、秕谷混在稻谷里时，烘干速度应较慢，同时应将热风温度调至比标准温度低3～4 ℃。

2. 未熟米、青粒米多的稻谷特点及烘干参数设定

未熟米、青粒米多的稻谷含水率相对较高，烘干时水分蒸发得较慢。为了防止过度烘干，对于未熟米、青粒米较多的稻谷，应将烘干机的水分值调高 0.5%。

3. 稻种特点及烘干参数设定

稻种是指用于种植水稻的种子。稻种有一层坚硬的外壳，在烘干时这层外壳起阻碍内部水分向外转移的作用，这决定了稻种较难烘干。同时，在烘干过程中，稻种内部的含水率梯度会产生应力，因此容易产生爆腰现象。为了保证稻种的胚芽能成活，在对稻种进行烘干时要遵循低温原则，一般在烘干初期将热风温度设定在 40 ℃以下。

4. 麦种特点及烘干参数设定

麦种是指用于种植小麦的种子。在烘干麦种之前，应先咨询当地的农业指导机构，在确认适用的烘干技术或方法后再进行烘干。麦种烘干后的品质是以面筋含量及面筋质量为检验指标的。不同品种的麦种面筋含量、面筋质量不同，又因各地气候条件不同，所以在每一次烘干作业开始之前，都应先取少量样品进行试烘，并测试发芽率，之后再决定烘干参数。

硬质小麦蛋白质含量高，面筋的比延伸性较好，外壳密实，不易烘干，通常设定50 ℃以下的热风温度进行长时间烘干；软质小麦面筋的比延伸性较差，外壳疏松，易烘干，适用于较强的烘干条件，热风温度可设定在60 ℃左右。

烘干后麦种面筋的比延伸性变好，其品质得到一定程度的改善。新收获的麦种对热作用敏感，但外壳还未达到完全成熟时的硬度，外壳上的毛细管也少，不利于水分的蒸发，在受到高温作用时，外壳很快被烘干而硬化，进一步阻止水分向外转移，导致品质变差。因此，在对新收获的麦种进行烘干时，应将热风温度控制在40～50 ℃。

常用的麦种烘干方法如下：在满仓状态下，为了防止发芽率降低，应以低于45 ℃的热风温度烘干；如果待烘干的是含水率在30%以上，可能出现褪色等品质降低情况的高含水率麦种，一般以40 ℃的热风温度烘干到含水率在18%～23%；当入谷量在3窗以下时，用40 ℃以下的热风温度烘干；如果待烘干的麦种未熟粒过多，则要采用二段烘干方法，以防爆腰。

5. 玉米特点及烘干参数设定

成熟的玉米籽粒含水率在22%～25%，经烘干后含水率可达14%～16%，便于储存和销售。玉米籽粒的结构主要有外层的果皮与种皮、胚乳（包括硬质胚乳和软质胚乳）、胚（由子叶、胚芽、胚轴、胚根组成），如图2–34所示。玉米籽粒根据质地可分为硬质种、粉质种、爆裂种等。硬质种含软淀粉少，烘干后顶部不凹陷。粉质种含软淀粉较多，易碾碎。爆裂种是硬质种的极端型，籽粒小而硬，不含软淀粉，加热时细胞内水分膨胀，籽粒爆裂。对玉米籽粒进行烘干时，为了保证其烘后品质、降低爆腰率，通常烘干机输入的热风温度应不大于60 ℃。

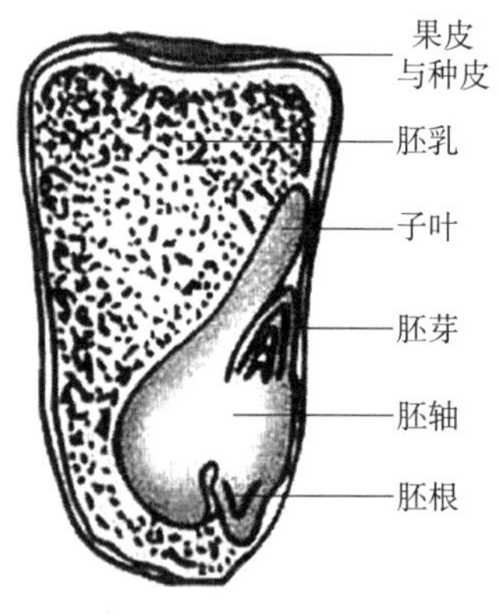

图2–34 玉米籽粒的结构

二、入谷作业

具体方法参考入谷试运转。

三、稻谷的烘干

1. 稻谷的通常烘干

（1）操作人员在确认电源指示灯亮起后，先按压连续按钮，再按压设定按钮，然后对照表 2-2 的稻谷热风温度表设定温度（也可以先设定温度再设定时间，如图 2-35 所示）。

表 2-2　　稻谷热风温度表

外部温度 /℃	入谷量						
	第 1 窗	第 2 窗	第 3 窗	第 4 窗	第 5 窗	第 6 窗	第 7 窗
	热风温度 /℃						
35	37	40	43	45	47	49	51
30	35	38	41	44	45	47	49
25	33	36	39	42	43	45	47
20	31	34	37	40	41	43	45
15	29	32	35	38	39	41	43
10	27	30	33	36	37	39	41
≤5	25	28	31	34	35	37	39

注：对于中间温度，如外部温度为 23 ℃、入谷量在第 6 窗时，因 20～25 ℃外部温度对应的热风温度为 43～45 ℃，故热风温度可设定在 44 ℃

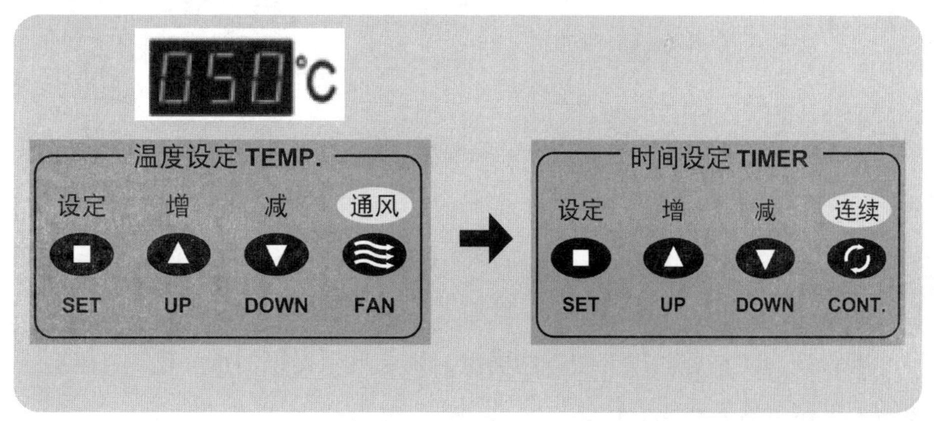

图 2-35　通常烘干的温度和时间设定

注意 ATTENTION

➢ 不同地区稻谷的收获季节不同，外部温度有很大差异，而烘干机的热风温度是根据外部温度、入谷量等设定的，为了不影响稻谷烘后品质，操作人员应参考热风温度表进行烘干。

➢ 用相对湿度在 65% 以下的空气烘干时或者夜晚遇到急速降温天气时，应降低 3～4 ℃实施烘干。

➢ 因下雨等原因导致外部相对湿度较高时，应提高 3～4 ℃实施烘干。

➢ 当待烘干的稻谷量较少时（低于最低窗位），应实施通风烘干。

（2）若电脑水分计的自动测定开关在“自动”位置，则要先切换到“停止”位置，再切换回“自动”位置；若电脑水分计的自动测定开关在“停止”位置，则直接切换到“自动”位置，如图 2–36 所示。

注意 ATTENTION

操作人员应在确认电脑水分计的自动测定开关已切换到“停止”位置后，再切换回“自动”位置。如果没有经过该开关的切换，则烘干机不会自动点火，电脑水分计也不会自动测量。

（3）将电脑水分计的谷物选择旋钮旋至“稻谷”位置，如图 2–37 所示。

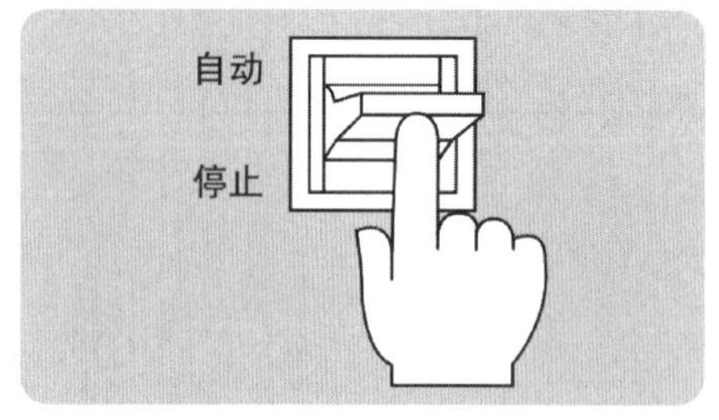

图 2–36　切换电脑水分计的自动测定开关

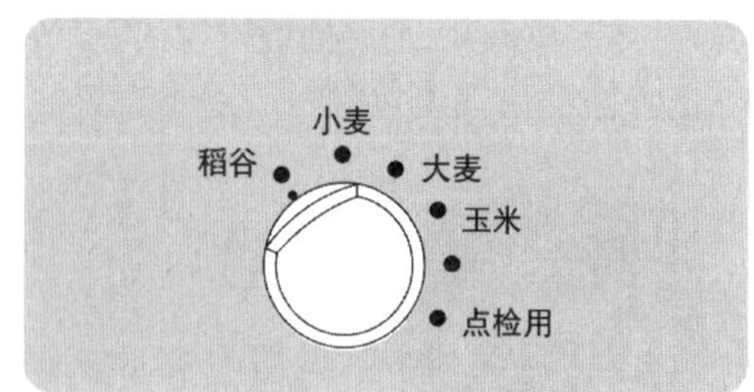

图 2–37　谷物的选择

注意 ATTENTION

若设定为“稻谷”以外的谷物类型，则会显示错误的水分值，且不会按照设定的水分值完成烘干作业。

（4）将电脑水分计的水分设定旋钮旋至期望的水分值，如图 2–38 所示。

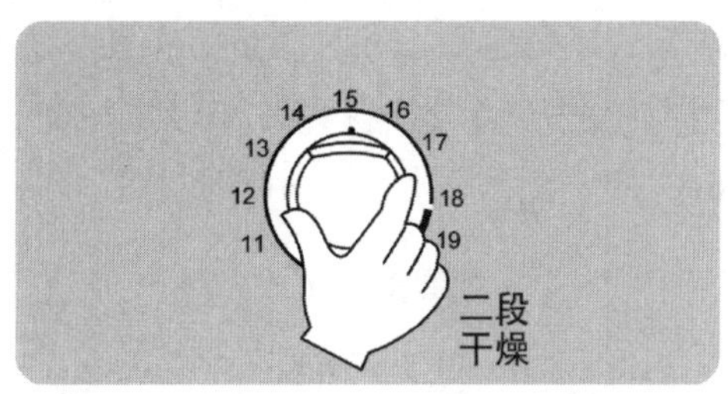

图 2–38　水分值的设定

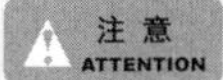

在进行收割期的第一次烘干或稻谷品种改变时，水分值应往高设定 0.5%。

（5）操作人员按压干燥按钮，燃烧机点火，烘干机开始烘干，电脑水分计开始自动测定稻谷的水分值（其实是平均水分值）。当燃烧机接近设定温度时，会重复大火、小火的状态燃烧，以自动保持设定温度。

注意 ATTENTION

- **当发生燃烧机未点火的情况时，应先等待 1 min，再按干燥按钮重新点火。**
- **操作人员应随时观察电脑水分计的自动提示灯（应保持亮起状态）。**

（6）电脑水分计显示被烘干稻谷的平均水分值，且定期重复自动测定，当达到设定的水分值时，烘干机会自动停止运转并关机。

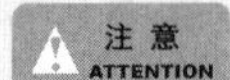

操作人员应确认电脑水分计显示的水分值与设定值相同。

（7）在烘干途中需要停止烘干时，可将温度设定为 0 ℃，燃烧机就会自动停止，等待 2 ~ 3 min 后，再按压停止按钮，将结束烘干并关机。需要继续烘干时，重复前述（1）~（4）的步骤，按压干燥按钮即可。

（8）通常待烘干机停止运转后关闭电源开关。

2. 稻谷的通风烘干

操作人员在确认电源指示灯亮起后，在时间设定按钮中先按压连续按钮再按压设定按钮，在温度设定按钮中先按压通风按钮再按压设定按钮，如图 2–39 所示。后续操作及注意事项同通常烘干。

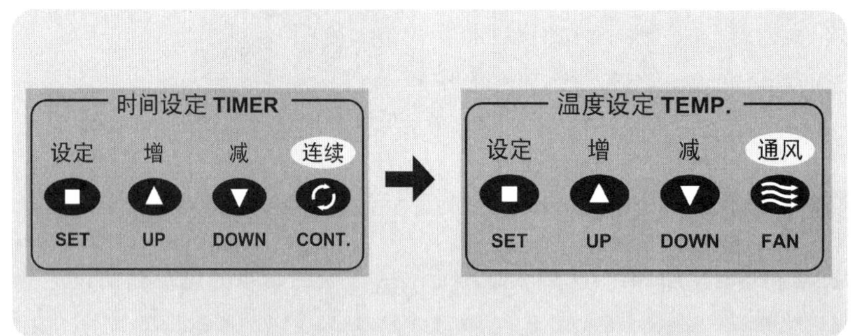

图 2–39　通风烘干的设定

注意 ATTENTION

采用通风烘干时也要进行水分值的自动测定，当稻谷的水分值达到设定值时，会自动停止烘干。

3. 稻谷的二段烘干

（1）操作人员在确认电源指示灯亮起后，在操作面板上设定温度和时间，并将自动测定开关按操作要求设置在“自动”位置。

注意 ATTENTION

操作人员应在确认电脑水分计的自动测定开关已切换到“停止”位置后，再切换回“自动”位置。如果没有经过该开关的切换，则烘干机不会自动点火，电脑水分计也不会自动测量。

（2）将电脑水分计的谷物选择旋钮旋至“稻谷”位置，将水分设定旋钮旋至“二段干燥 18%”位置，按压干燥按钮，如图 2–40 所示，开始二段烘干。

（3）当电脑水分计自动测定稻谷的平均水分值达到 18% 时，烘干机就会自动停止运转进行缓苏。在进行 4 ~ 6 h 的缓苏后，操作人员重新开机并设定温度、时间和水分

值，再一次进行烘干。

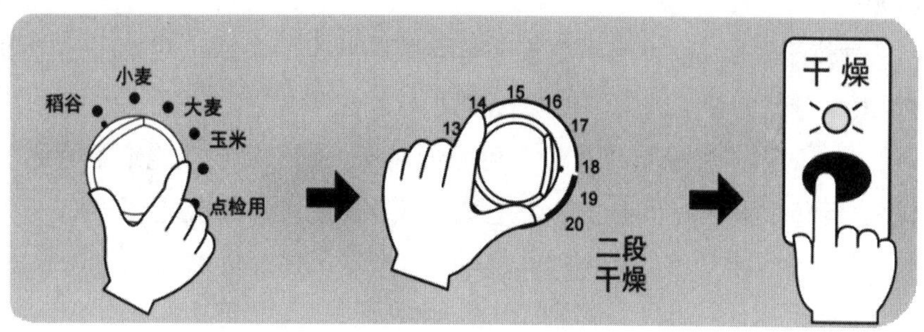

图 2-40　二段烘干主要操作流程

4. 稻谷的定时烘干

（1）操作人员在确认电源指示灯亮起后，将自动测定开关按操作要求设置在“自动”位置，按照热风温度表设定温度，如图 2-41 所示。

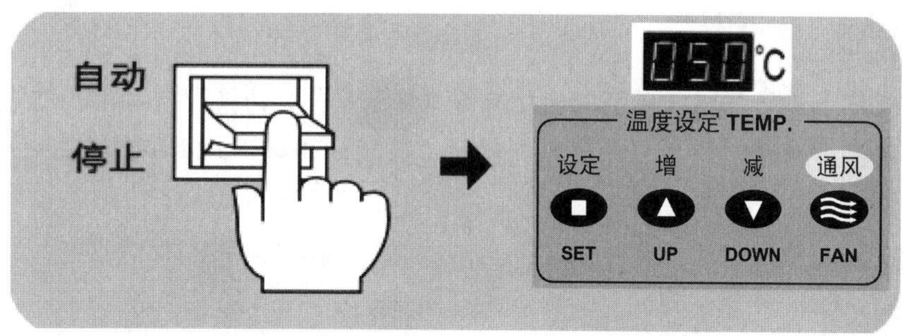

图 2-41　定时烘干的自动测定和温度设定

（2）设定烘干时间，按压干燥按钮，如图 2-42 所示，开始烘干。当需要烘干机停止运转时，可以将时间人工归零。当时间自动归零时，烘干结束。

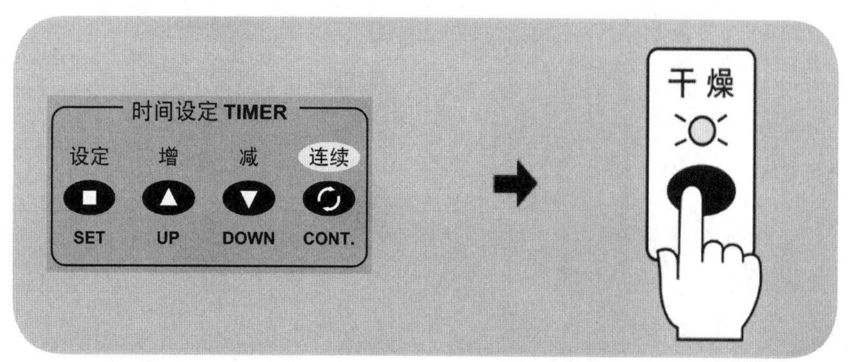

图 2-42　定时烘干的时间设定和烘干启动

注意
ATTENTION

➢ **每烘干 1 h，稻谷的平均水分值会减小 0.6%～0.7%，故烘干过程中要随时观察水分值的变化情况，避免过度烘干。**

➢ **在定时烘干和电脑水分计并用的情况下，烘干机会按先结束的那个信号来停止运转，操作人员务必确认是按时间还是按水分值停止运转的。**

四、小麦的烘干

1. 操作人员在确认电源指示灯亮起后，先按压连续按钮，再按压设定按钮，通常将温度设定为 60 ℃，并将自动测定开关按操作要求设置在“自动”位置。如果入谷量在第 1 窗或第 2 窗，则温度应调低 5～10 ℃，以保证能将小麦完全烘干。

注意
ATTENTION

操作人员应在确认电脑水分计的自动测定开关已切换到“停止”位置后，再切换回“自动”位置。如果没有经过该开关的切换，则烘干机不会自动点火，电脑水分计也不会自动测量。

2. 将电脑水分计的谷物选择旋钮旋至“小麦”位置，如图 2–43 所示。

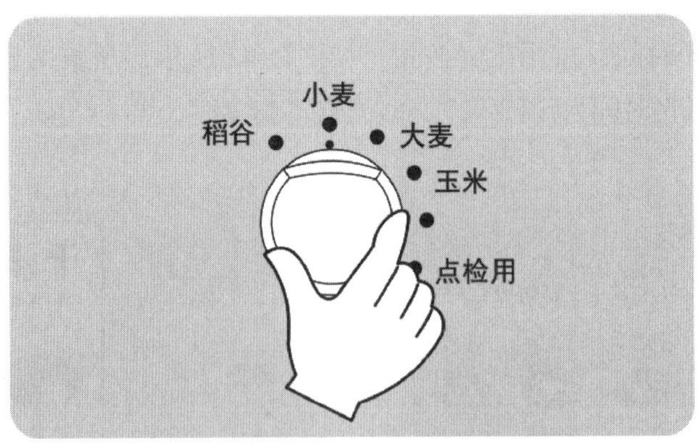

图 2–43　小麦烘干的谷物选择

注意 ATTENTION

若设定为“小麦”以外的谷物类型，则会显示错误的水分值，且不会按照设定的水分值完成烘干作业。

3. 设定水分值，按压干燥按钮，开始烘干作业，电脑水分计开始自动测定。当燃烧机接近设定温度时，会重复大火、小火的状态燃烧，以自动保持设定温度。

注意 ATTENTION

- **当发生燃烧机未点火的情况时，应先等待 1 min，再按干燥按钮重新点火。**
- **操作人员应随时观察电脑水分计的自动提示灯（应保持亮起状态）。**

4. 电脑水分计显示被烘干小麦的平均水分值，且定期重复自动测定，当达到设定的水分值时，烘干机会自动停止运转并关机。操作人员应确认，显示的水分值和设定的水分值相同，如图 2-44 所示。

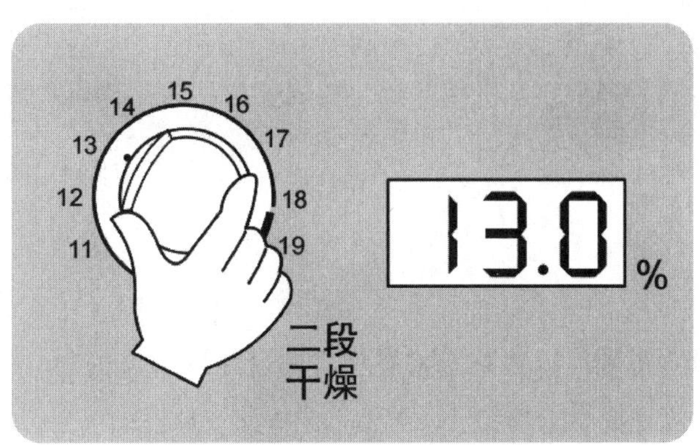

图 2-44　显示的水分值和设定的水分值相同

5. 中途停止烘干和结束烘干的操作同稻谷的通常烘干。

五、玉米的烘干

1. 操作人员在确认电源指示灯亮起后，先按压连续按钮，再按压设定按钮。

2. 根据外部温度和入谷量设定热风温度，当外界温度在 0 ℃以上时，通常将该温度设定在 80 ~ 99 ℃，如图 2–45 所示，并将自动测定开关按操作要求设置在“自动”位置。

注意 ATTENTION

➢ 烘干食用玉米时，为了降低裂纹率，应在 70 ℃以下烘干。若裂纹率无法降低，可再适度调低温度进行烘干；若仍然无法降低裂纹率，应向当地农业指导机构咨询。

➢ 操作人员应在确认电脑水分计的自动测定开关已切换到“停止”位置后，再切换回“自动”位置。如果没有经过该开关的切换，则烘干机不会自动点火，电脑水分计也不会自动测量。

3. 将电脑水分计的谷物选择按钮旋至“玉米”位置，如图 2–46 所示。

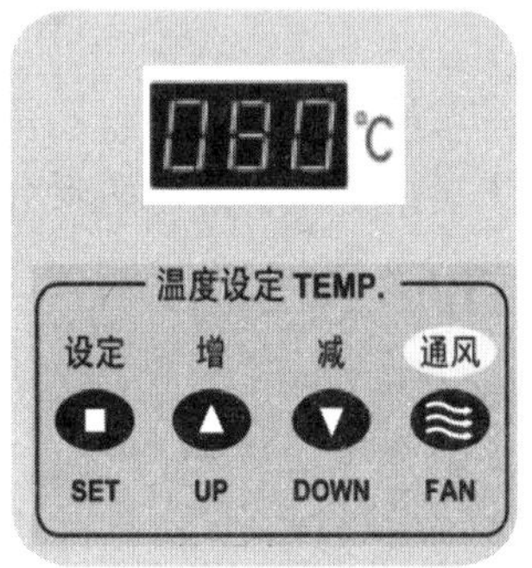

图 2–45　玉米烘干的温度设定

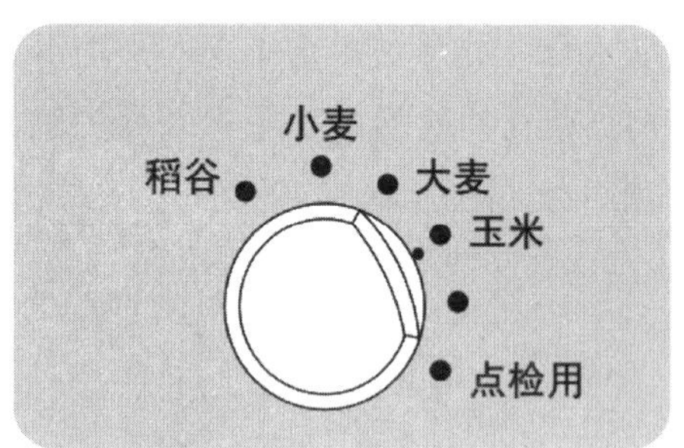

图 2–46　玉米烘干的谷物选择

注意 ATTENTION

若设定为“玉米”以外的谷物类型，则会显示错误的水分值，且不会按照设定的水分值完成烘干作业。

4. 将电脑水分计的水分设定旋钮旋至期望值。

在进行收割期的第一次烘干或玉米品种改变时，水分值应往高设定 0.5%。

5. 按压干燥按钮，燃烧机点火，开始烘干，电脑水分计开始自动测定。当燃烧机接近设定温度时，会重复大火、小火的状态燃烧，以自动保持设定温度。

注意 ATTENTION

➢ 当发生燃烧机未点火的情况时，应先等待 1 min，再按干燥按钮重新点火。

➢ 操作人员应随时观察电脑水分计的自动提示灯（应保持亮起状态）。

6. 电脑水分计显示被烘干玉米的平均水分值，且定期重复自动测定，当达到设定的水分值时，烘干机会自动停止运转并关机。中途停止烘干和结束烘干的操作同稻谷的通常烘干。

注意 ATTENTION

操作人员确认显示的水分值和设定的水分值相同。

六、谷物水分值的确认

1. 稻谷（小麦）水分值的确认

在烘干结束后、稻谷（小麦）被排出之前，应确认其实际水分值，具体方法如下。

（1）停止烘干机的运转，用试料取出器从取样口取出待测样品。

注意 ATTENTION

在烘干机运转时，切勿将手伸进取样口，以免造成不必要的人身伤害。

（2）将待测样品放在样品盛放盘中冷却至常温，如图 2–47 所示。

注意 ATTENTION

稻谷（小麦）烘干后立刻测量的水分值会比冷却至常温时测量的水分值稍高，故应让稻谷（小麦）冷却至常温后再进行测量。

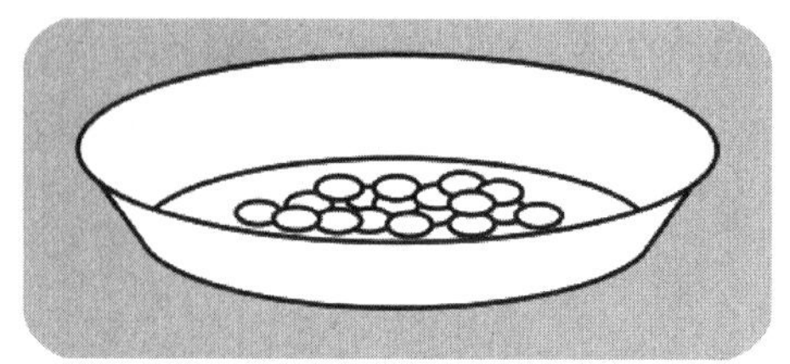
图 2-47　将待测样品放在样品盛放盘中冷却至常温

（3）对于稻谷来说，应对样本进行脱壳处理，即做成糙米。

（4）用便携式谷物水分检测仪测量糙米（小麦）的水分值。

注意 ATTENTION

➢ 应对烘干后的糙米（小麦）进行 3～5 次测量，然后取平均值。

➢ 测量时只能采用整粒完整的样本，若混有未熟粒应取出，否则无法得到正确的水分值。

➢ 便携式谷物水分检测仪每年应更换新的干电池。

2. 玉米水分值的确认

在烘干结束后、玉米被排出之前，应确认其实际水分值，具体方法如下。

（1）停止烘干机的运转，用试料取出器从取样口取出待测样品。

注意 ATTENTION

在烘干机运转时，切勿将手伸进取样口，以免造成不必要的人身伤害。

（2）将待测样品放在样品盛放盘中冷却至常温。

注意 ATTENTION

玉米烘干后立刻测量的水分值会比冷却至常温时测量的水分值稍高，故应让玉米冷却至常温后再进行测量。

（3）用便携式谷物水分检测仪测量玉米的水分值。

注意 ATTENTION

- **应对烘干后的玉米进行 3 ~ 5 次测量，然后取平均值。**
- **便携式谷物水分检测仪每年应更换新的干电池。**

七、追加烘干作业

当谷物冷却后的实测水分值高于电脑水分计显示的水分值时，操作人员应对其进行追加烘干，以保证谷物达到期望水分值。

1. 通常烘干方法

（1）差值约为 0.5%

1）将温度设定为低于热风温度表相应值或通常设定值的 3 ~ 4 ℃。

2）按通常烘干的方法进行操作，不变更水分值的设定。

（2）差值大于 0.5%

1）将水分设定旋钮旋至期望水分值扣除差值的位置。

2）将温度设定为低于热风温度表相应值或通常设定值的 3 ~ 4 ℃。

3）按通常烘干的方法进行操作。

2. 定时烘干方法

（1）将电脑水分计的自动测定开关拨至“自动”位置，设定烘干时间，按每小时降低 0.6% 来计算。例如，当需要再降低 1% 的水分值时，则 1%/0.6%≈1.7，那么操作人员可以设定大于 1 h、小于 2 h 的烘干时间。

（2）将温度设定为低于热风温度表相应值或通常设定值的 3 ~ 4 ℃，按压干燥按钮，开始烘干。

（3）当烘干机的时间归零时就会停止运转。

八、排出作业

1. 自动排出谷物

操作人员在确认电源指示灯亮起后设定排出时间，按压排出按钮，排出指示灯亮起，烘干机开始自动排出谷物。

2. 手动排出谷物

将排出拉绳拉至“开”位置或者按压排出按钮，即可排出谷物。当谷物全部排出后，将排出拉绳拉至“关”位置并按压停止按钮。

警告 WARNING

操作人员必须佩戴口罩等防尘用品后再实施排出作业，以防将粉尘吸入体内，造成不必要的人身伤害。

注意 ATTENTION

- **在排出谷物之前，操作人员应先用便携式谷物水分检测仪确认烘干谷物的含水量。**
- **排出谷物时应确保出谷管呈拉直状态，不可以弯曲、折叠，否则会造成出谷作业延缓或出谷管断裂。**

烘干作业质量检查

一、便携式谷物水分检测仪的使用

1. 便携式谷物水分检测仪的功能

在粮食检测方面，检测速度与检测精度始终不可兼得，若想提高检测速度，那么检测精度就会受到限制。利用电容法或者电阻法原理制成的粮食含水率检测仪具有检测速度快的优点，但是检测精度较低。而采用烘干法测量粮食含水率虽然是目前国内外认可的标准检测方法，但存在检测时间长的缺点，往往检测一次需要 3 ~ 5 h，大大降低了检测效率。目前市面上有一种便携式谷物水分检测仪，如图 2–48 所示，它可以弥补以上仪器或方法的不足。该仪器先发出磁场信号（经过水分子），再进行感应接收，然后对接收到的信号进行分析，1 s 就能得出结果，且结果准确、可靠。这种便携式谷物水分检测仪具有操作简单、检测速度快、准确性高、价格低廉等优点。

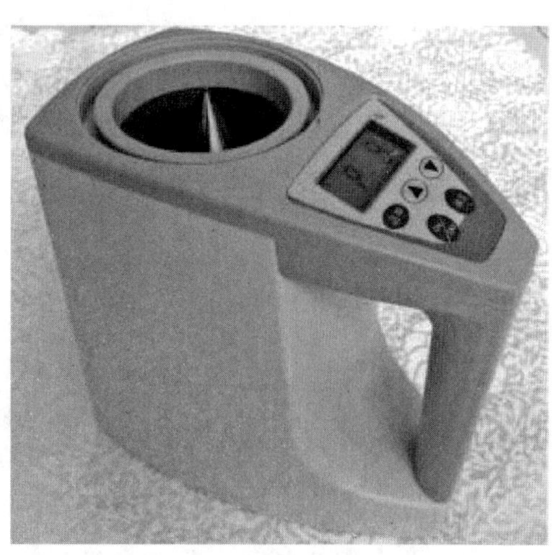

图 2–48　便携式谷物水分检测仪

便携式谷物水分检测仪主要用来测量谷物的含水率，它采用先进的微电脑控制技术进行信息处理，能够自动称重、自动进行温度补偿、自动测量含水率、自动关机。

2. 便携式谷物水分检测仪的使用方法

便携式谷物水分检测仪操作界面如图 2-49 所示。

（1）按电源键（即 ON/OFF 开关键）开机，打开机盖，将待测样品放入样品检测筒内。

（2）按上键（即▲键）、下键（即▼键）根据说明书选择待测品种对应的代号，选定后按确定键，轻按检测筒上的落料开关，使全部样品均匀地落在传感器上。

（3）显示屏的小数点会闪动数次，然后显示含水率；之后按确定键显示样品质量，再按确定键则又显示含水率。如果含水率有误差，则应倒出样品，在开机状态下按住品种键进入校正模式；如果质量有误差，则应倒出样品，在关机状态下同时按住品种键和电源键进入校正模式。具体校正方法本书不做介绍，请对照说明书进行操作。

（4）测量完毕，倒出样品，用刷子清理检测筒。

注意 ATTENTION

➢ **便携式谷物水分检测仪属于精密电子产品，使用和保管时应注意防震、防潮，且必须水平放置，注意做好清洁、保养工作。**

➢ **便携式谷物水分检测仪长期不用或运输时应取出干电池。**

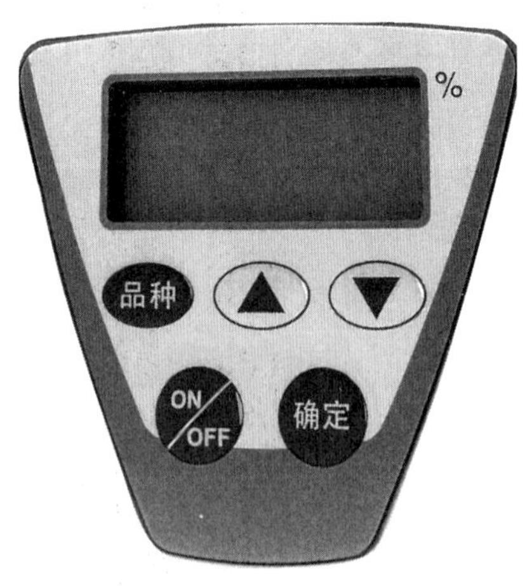

图 2-49　便携式谷物水分检测仪操作界面

二、稻谷烘干作业质量检查

根据国家标准《稻谷干燥技术规范》(GB/T 21015—2007),部分稻谷干燥成品质量指标应符合表 2-3 的规定。

表 2-3　部分稻谷干燥成品质量指标

项目		指标值
水分值		安全水分值或规定水分值
烘干不均匀度	降水幅度≤5%	≤1.0%
	降水幅度 >5%	≤1.5%
发芽(生活力)率		≥90%
色泽、气味		正常
破碎率增值		≤0.3%

注:发芽(生活力)率不低于烘干前稻谷发芽率的 90%

1. 取样

国家标准《粮食干燥机试验方法》(GB/T 6970—2007)规定了出机干粮(即干谷)的取样方法:在干燥机(即烘干机)排粮口接取,不少于 9 次,在试验期间等间隔进行,每次样品质量应该满足样品处理要求。

需要测定烘干不均匀度时,在连续式粮食烘干机排粮段中间粮层选取可能产生烘干不均匀度的 5 个位置取样,取样不少于 2 次(在试验期间等间隔进行),每次样品质量都应该满足样品处理要求;对于分批式循环粮食烘干机,应在排粮口取样,取样不少于 3 次(同样在试验期间等间隔进行),且每次样品质量都应该满足样品处理要求。

2. 样品的处理

样品处理要求如下:将样品按相关国家标准规定制成平均样品、试验样品(测定所用)及保存样品,专业送检样品数量应能满足检验项目的要求,原则上不少于 2 kg。

3. 水分值的测定

稻谷的水分值是检验烘干质量的重要指标,除了烘干结束后在电脑水分计上直接识读,还应使用便携式谷物水分检测仪进行快速测定。

4. 发芽率的测定

随机选取 4 组样品（以 100 粒为一组），在 4 个培养皿内分别铺放 1 cm 厚、经过水洗的细砂或两层滤纸，注入清水至饱和，制成发芽床（发芽试验所用的一切用具和发芽床均应经过 30 min 蒸汽消毒或水煮沸消毒，或者经过 15 min 以上高压灭菌）。将发芽床送入发芽箱或恒温箱内，每天检查一次发芽情况，按规定的发芽势和发芽率统计截止日期及时检查正常与不正常的发芽籽粒，做好记录。幼芽至少长至粒长的 1/2 即判定为正常发芽，幼根或幼芽残缺、畸形或腐烂即判定为不正常发芽。在发芽率统计天数内，正常发芽粒数与一组样品粒数的比率即为发芽率（取平均值得到最终结果）。

5. 烘干不均匀度的测定

对于连续式粮食烘干机的样品，应分别测出 5 个不同位置样品的含水率，计算出最大含水率与最小含水率的差值，即为烘干不均匀度；对于分批式循环粮食烘干机的样品，应分别测出 3 次所取样品的含水率，并计算出烘干不均匀度。

6. 破碎率增值的测定

烘干前随机取 500 粒稻谷，每 100 粒为一组，将湿谷剥壳后放在爆腰灯或聚光手电筒下检查，计算 5 组稻谷的破碎率平均值，即为初始破碎率。在烘干完成 48 h 后，随机取稻谷 500 粒，每 100 粒为一组，将干谷剥壳后放在爆腰灯或聚光手电筒下检查，计算 5 组稻谷的破碎率平均值，即为烘干后破碎率。烘干后破碎率与初始破碎率之差即为稻谷破碎率增值。凡是有裂纹的糙米均按破碎统计。

7. 色泽和气味的测定

随机取 20 ~ 50 粒样品，放在手掌中均匀地摊平，在散射光线下仔细观察样品的整体颜色和光泽。正常的稻谷应具有固有的颜色和光泽。

再随机取 20 ~ 50 粒样品，放在手掌中用哈气或摩擦的方法提高样品的温度，之后嗅其气味。正常的稻谷应具有固有的气味。

三、小麦烘干作业质量检查

根据国家标准《小麦干燥技术规范》（GB/T 21016—2007），部分小麦干燥成品质量指标应符合表 2–4 的规定。取样、样品的处理、水分值的测定、破碎率增值的测定、色泽和气味的测定同稻谷烘干作业质量检查的相关内容。

表 2-4　部分小麦干燥成品质量指标

项目		指标值
水分值		安全水分值或规定水分值
烘干不均匀度	降水幅度≤5%	≤1.0%
	降水幅度 >5%	≤1.5%
发芽（生活力）率		≥80%
破碎率增值		≤0.3%
色泽、气味		正常
注：发芽（生活力）率不低于烘干前小麦发芽率的 80%		

1. 发芽率的测定

随机选取 4 组样品（以 50 粒为一组），在 4 个培养皿内分别铺放 1 cm 厚、经过水洗的细砂或两层滤纸，注入清水至饱和，制成发芽床（发芽试验所用的一切用具和发芽床均应经过 30 min 蒸汽消毒或水煮沸消毒，或者经过 15 min 以上高压灭菌）。将发芽床送入发芽箱或恒温箱内，每天检查一次发芽情况，按规定的发芽势和发芽率统计截止日期及时检查正常与不正常的发芽籽粒，做好记录。

幼根和幼芽长至籽粒直径长度即判定为正常发芽；幼根显著萎缩或中间呈纤维状，幼芽呈水肿状且幼根无根毛即判定为不正常发芽。在发芽率统计天数内，正常发芽粒数与一组样品粒数的比率即为发芽率（取平均值得到最终结果）。

2. 烘干不均匀度的测定

小麦经过一次烘干作业后，在排粮口横断面的不同位置上（不少于 5 点）同时取出样品，分别测定含水率，计算出烘干不均匀度。

四、玉米烘干作业质量检查

根据国家标准《玉米烘干技术规范》（GB/T 21017—2021），部分玉米干燥成品质量指标应该符合表 2–5 的规定。取样、样品的处理、破碎率增值的测定、色泽和气味的测定同水稻烘干作业质量检查的相关内容，发芽率的测定、烘干不均匀度的测定同小麦烘干作业质量检查的相关内容。

裂纹率增值的测定：在烘干前后分别取 3 组样品（以 100 粒完整籽粒为一组），用专用灯箱等进行检测。玉米籽粒裂纹是指以下情况：胚乳有裂痕，或者表面裂纹长达粒长的 1/2 以上，或者有一条裂痕贯穿全粒，或者有两条以上裂痕。玉米裂纹率增值为烘干后样品裂纹率平均值与烘干前样品裂纹率平均值的差值。

表 2-5　　部分玉米干燥成品质量指标

<table>
<tr><th colspan="3">品种</th><th>食用玉米</th><th>淀粉、发酵工业用玉米</th><th>饲料用玉米</th><th>种用玉米</th></tr>
<tr><td colspan="3">破碎率增值</td><td>≤0.5%</td><td>≤0.5%</td><td>≤0.5%</td><td>≤0.5%</td></tr>
<tr><td rowspan="5">裂纹率增值</td><td colspan="2">降水幅度≤5%</td><td>≤15%</td><td>≤15%</td><td>≤20%</td><td rowspan="5">每降 1% 的水，≤1.0%</td></tr>
<tr><td colspan="2">5%< 降水幅度≤10%</td><td>≤20%</td><td>≤20%</td><td>≤25%</td></tr>
<tr><td colspan="2">降水幅度 >10%</td><td>≤25%</td><td>≤25%</td><td>≤30%</td></tr>
<tr><td colspan="2">10%< 降水幅度≤15%</td><td>≤25%</td><td>≤25%</td><td>≤30%</td></tr>
<tr><td colspan="2">降水幅度 >15%</td><td>≤25%</td><td>≤25%</td><td>≤35%</td></tr>
<tr><td rowspan="4">烘干不均匀度</td><td rowspan="3">连续式烘干机</td><td>降水幅度≤5%</td><td>≤1.0%</td><td>≤1.0%</td><td>≤1.0%</td><td>≤1.0%</td></tr>
<tr><td>5%< 降水幅度≤10%</td><td>≤1.5%</td><td>≤1.5%</td><td>≤1.5%</td><td>≤1.5%</td></tr>
<tr><td>降水幅度 >10%</td><td>≤2.0%</td><td>≤2.0%</td><td>≤2.0%</td><td>≤2.0%</td></tr>
<tr><td colspan="2">循环式烘干机</td><td>≤1.0%</td><td>≤1.0%</td><td>≤1.5%</td><td>≤1.0%</td></tr>
<tr><td colspan="3">色泽、气味</td><td>正常</td><td>正常</td><td>正常</td><td>正常</td></tr>
<tr><td colspan="3">种子发芽率</td><td>—</td><td>—</td><td>—</td><td>不低于烘干前</td></tr>
<tr><td colspan="7">注：“—”表示该项指标不要求测定</td></tr>
</table>

测试题

一、判断题（将判断结果填入括号中，正确的填“√”，错误的填“×”）

1. 操作人员应检查电源主开关上是否安装漏电断路器。它是一种开关装置，起到保护电路和烘干机的作用，可以在过载、短路时有效避免人身伤害事故或火灾的发生。（　　）

2. 检查三角带张力状况时，用食指压住三角带向下按 20 mm，若松手后三角带迅速回弹则证明可以正常使用。（　　）

3. 烘干机需要放置在室内平整的地面上，其周围要保证每日打扫干净，且无杂物堆积。烘干机旁 1 m 内应保证空间开阔，不应放置任何物品。（　　）

4. 定时烘干是指设定烘干时间的一种计时烘干方法。（　　）

5. 稻谷发芽率应该不小于 80%。（　　）

二、单项选择题（选择一个正确的答案，将相应的字母填入题内的括号中）

1. 在烘干过程中暂时停止，放置数小时后再次实施烘干作业的方法称为（　　）。

A. 通常烘干　　　　B. 通风烘干

C. 二段烘干　　　　D. 定时烘干

2. 当谷物含水率高于（　　）或者谷物不干净、夹杂率高时，需要在开始烘干前停机，打开底座的扫除口盖，将杂物等清除干净后再进行烘干作业。

A. 10%　　　　B. 15%

C. 20%　　　　D. 25%

3. 在烘干试运转时，对该年度收割的谷物进行第一次烘干时，应将温度调至比标准温度低（　　）℃。

A. 2 ~ 3　　　　B. 3 ~ 4

C. 4 ~ 5　　　　D. 5 ~ 6

4. 谷物烘干后进行水分值的确认时，应用（　　）从取样口取出待测样品。

A. 手　　　　B. 铲子

C. 试料取出器　　　　D. 勺子

5. 稻谷的水分值是检验烘干质量的重要指标，除了烘干结束后在电脑水分计上直接识读，还应使用（　　）进行快速测定。

A. 便携式谷物水分检测仪　　　　B. 电容水分检测仪

C. 电阻水分检测仪　　　　D. 电脑水分检测仪

测试题参考答案

一、判断题

1. √　2. ×　3. √　4. √　5. ×

二、单项选择题

1. C　2. D　3. B　4. C　5. A

培训任务 3

粮食烘干机维护保养

培训目标

- 了解烘干机需要清扫的部位。
- 熟悉特殊部位的保管方法。
- 熟悉热风炉的保养方法。
- 掌握易损件的调整与更换方法。

清扫

一、残留谷物的清扫

烘干机经长时间使用后，残留谷物会堵塞燃烧机滤网，致使烘干能力逐渐下降，最终不能满足生产要求。在对烘干机中残留谷物进行清扫之前，需要关闭电源开关，同时在电控箱上吊挂“维修保养中，禁止操作”警示牌，以免其他人员误操作。清扫人员应戴好安全帽、系好安全带、戴好口罩、穿好工作服和工作鞋，并严格遵守清扫的操作规程。

1. 分散盘残留谷物的清扫

拧下烘干机顶层探视盖板的螺栓，打开探视盖板，将分散盘（见图 3–1）内的残留谷物等清扫干净，再关闭探视盖板并拧紧螺栓。

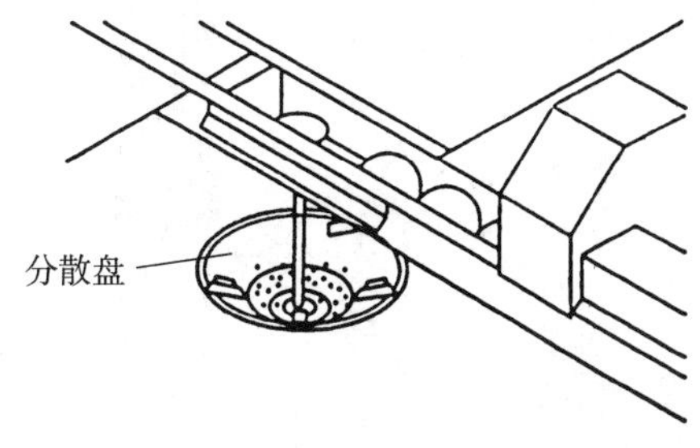

图 3–1　分散盘

2. 提升机残留谷物的清扫

拉出提升机底部的清扫盒，如图 3–2 所示；将内部的残留谷物等清扫干净，如图 3–3 所示；装回清扫盒并拧紧螺栓，如图 3–4 所示。

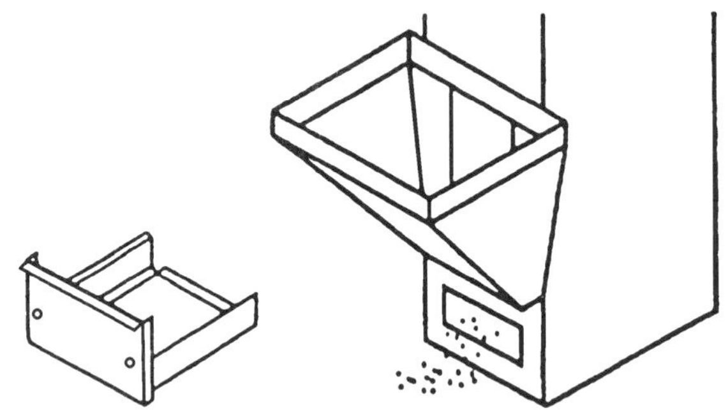

图 3–2　拉出提升机底部的清扫盒

图 3–3　将内部的残留谷物清扫干净

图 3–4　装回清扫盒并拧紧螺栓

3. 流谷筒残留谷物的清扫

流谷筒位于烘干机底座上、湿谷入料斗旁，清扫其中的残留谷物时，先拧下蝶形螺母，再拆下清除板，如图 3–5 所示。扫除残留谷物后，盖上清除板并拧紧蝶形螺母即可。

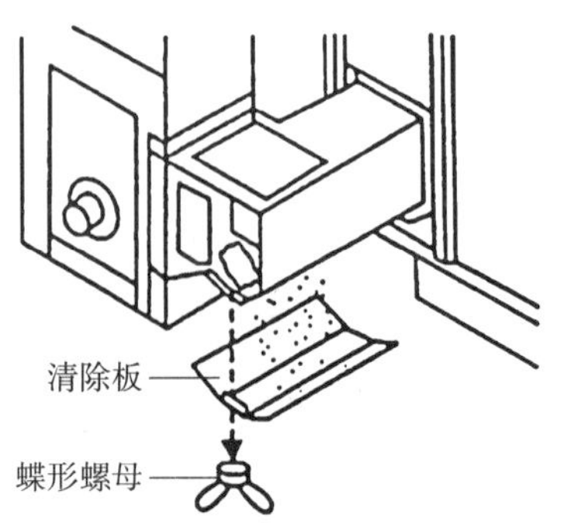

图 3–5　拧下蝶形螺母、拆下清除板

4. 下部绞龙残留谷物的清扫

松开扫除把手（见图 3-6），用手来回摇动下部绞龙 2～3 次，如图 3-7 所示，使残留谷物自动掉落，清扫完毕将扫除把手归位、扣紧。

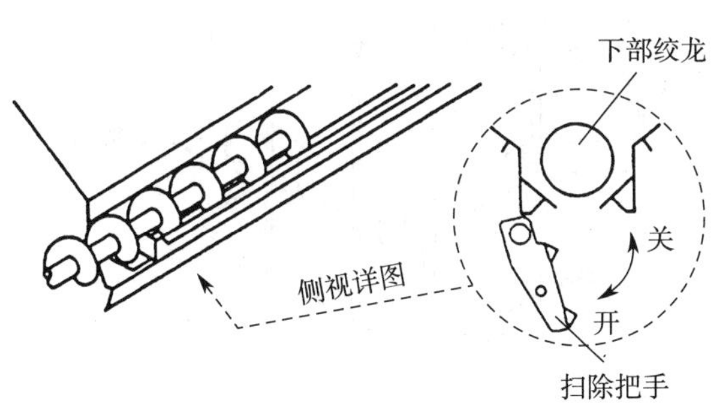

图 3-6　下部绞龙与扫除把手

图 3-7　来回摇动下部绞龙

相关链接

除使用单向电源的烘干机外，其他烘干机可通过回转阀扫除按钮进行残留谷物的清扫，具体操作方法如下：将烘干机内的谷物完全排出，使烘干机处于空机的停止状态，同时按压回转阀扫除按钮（见图 3-8）和停止按钮，此时回转阀电动机反向运转完成扫除动作，达到清扫残留谷物的目的。

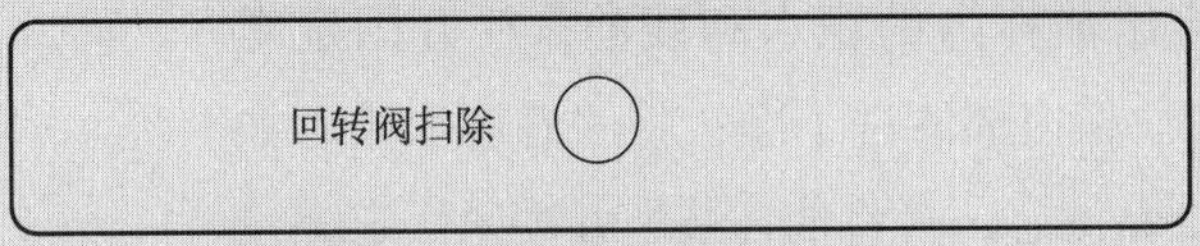

回转阀扫除 ○

图 3-8　回转阀扫除按钮

二、其他部位的清扫

烘干机作业现场的粉尘较多，为了防止出现烘干不均匀的现象，除了做好残留谷物的清扫工作，还必须做好烘干机其他部位的清扫工作（热风炉的清扫工作在学习单元 3 中介绍）。

1. 烘干塔的清扫

打开顶层的探视盖板，清除堆积、吊挂在防涨杆、三角板（见图 3-9）和网板上的稻梗等堆积物，清扫干净后关闭探视盖板；打开排风管路的扫除口盖，清除排风管路与集料板上的灰尘、谷屑等；打开如图 3-10 所示的扫除口盖，清除底座及排固箱中积留的灰尘、谷屑等。

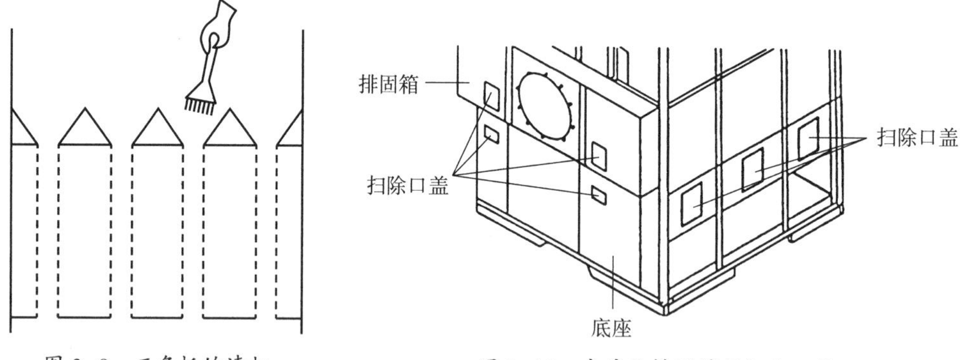

图 3-9　三角板的清扫

图 3-10　底座及排固箱的扫除口盖

2. 电脑水分计滚轮的清扫

打开流谷筒上的探视盖板，清除电脑水分计滚轮（见图 3-11）上堆积的谷物、秸秆、灰尘等，清扫干净后盖上探视盖板。

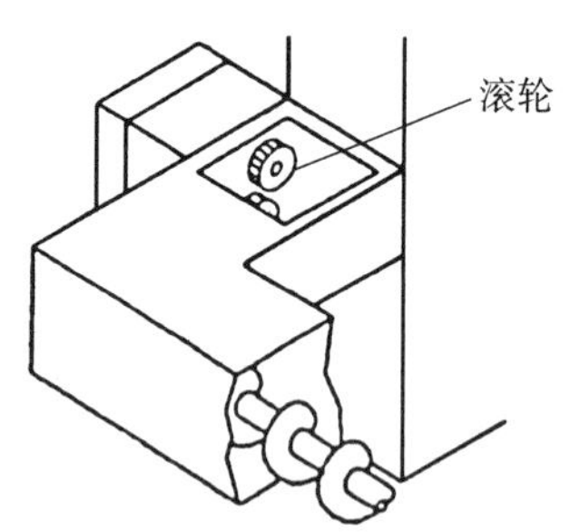

图 3-11　电脑水分计滚轮

3. 油箱的清扫

（1）清洗油杯，适时更换滤芯。将油杯开关关闭，松开泄油螺栓，排出油杯内的积水和残油；松开固定螺栓，取出油杯，将油杯内部清洗干净；将旧滤芯取出，如图 3-12 所示，换上新滤芯，再将油杯装上并锁紧固定螺栓。

（2）及时清洗燃油泵滤油网上的油污，适时更换滤油网。滤油网的更换频率与燃油品质有关，燃油品质越差，更换越频繁。

（3）将油箱外壳擦拭干净。

4. 风压开关的清扫

风压开关在热风机固定箱的侧面，取下风压开关，将附着在动作板上的灰尘清扫干净，注意动作要轻、要快。

5. 除尘器的清扫

除尘器在使用一段时间后，除尘袋内表面经过滤留下的粉尘增厚，导致除尘器的运行阻力增大、除尘效果降低，这时需要对除尘袋进行清扫，即通过外力将其内表面

上附着的粉尘清除，使除尘器能够重新正常运行。

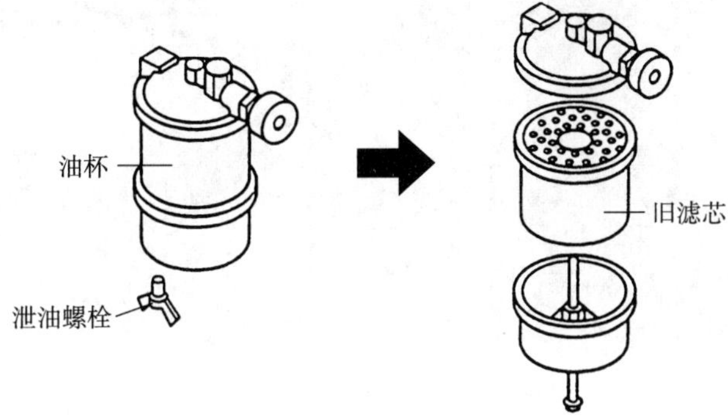

图 3-12　取出旧滤芯

学习单元 2

特殊部位的保管

在长期不使用烘干机时，为了防止老鼠等动物钻入机器内部后咬坏传送带或者配电线，除了应做好清扫工作之外，还应做好特殊部位的保管工作。

一、拆下排风管并清除管内灰尘、杂物等，单独保管、存放排风管。用纸板或布将排风机口封住并绑紧，如图 3–13 所示，以免老鼠或其他动物钻入。

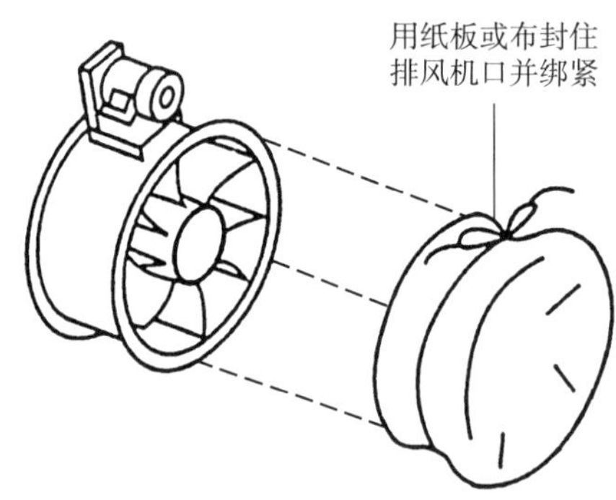

图 3–13　排风机封口示意图

二、拆下排尘管并清除管内的灰尘等，单独保管、存放排尘管。同样用纸板或布将排尘机口封住并绑紧，如图 3–14 所示，以免老鼠或其他动物钻入。

三、逐一检查大漏斗（即湿谷入料斗和干谷出料斗）门板、各部位点检口和扫除口的盖子是否松动，若松动应将其紧固好并盖好。

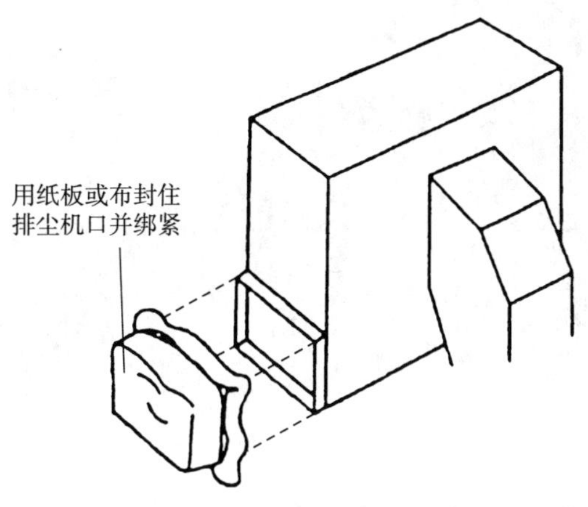

图 3-14　排尘机封口示意图

四、放出变速箱中的旧油，注入新油。

五、在非铝合金金属表面未刷油漆的地方涂上防锈油。

六、切断电源，以防雷电对电控柜或者电脑水分计造成损伤。电控柜、电脑水分计等部位的精密元件不耐潮，因此要做好防雨和防尘措施，如用塑料薄膜遮盖以免雨水和灰尘进入。

七、不得在烘干机周围存放化学肥料或者消毒剂，因为这些物质能发生某些化学反应，可能影响周围环境而导致烘干机发生故障。

热风炉的保养

热风炉是整个烘干机的核心部件，烘干现场的灰尘很多，若灰尘进入热风炉各部件内部，则会加快各部件的磨损，因此务必做好热风炉的保养工作，以延长热风炉各部件的使用寿命，有效防止热风炉发生故障。

一、日保养

1. 在每日烘干作业结束后，必须做好热风机和燃烧机（见图 3–15）的清扫工作，否则容易引发火灾。

清扫时先将热风机移出，将其下方地板上和前面网格处的灰尘、谷屑等清扫干净，再将“百叶窗”、燃烧筒、燃烧室擦拭干净，若有积炭，必须请专业人员进行检查、调整。因为热风机非常重，所以将其拉出时要注意安全，避免其倒地而造成操作人员受伤和机器故障。

通常用压缩空气将燃烧机内外的灰尘清除干净。

2. 热风炉主轴轴套及排灰绞龙容易积留灰尘，每日应检查并按需加注符合要求的黄油，以延长主轴轴套及排灰绞龙的使用寿命。

3. 助燃风机入风口处容易积留灰尘，灰尘多了将导致燃烧不完全、产生烟雾，因此每日应用高压空气清除此处的灰尘。

4. 烘干机底座入风口（某些机型有）的滤网被灰尘遮蔽将导致烘干效率降低，因

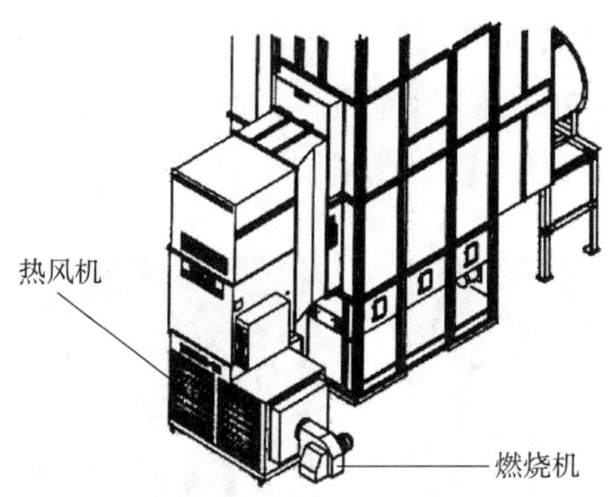

图 3–15　热风机和燃烧机

此每日必须用高压空气清除滤网上的灰尘。

5. 如果电控柜通风扇滤网被灰尘堵塞，则会造成内部零件过热，甚至发生故障，因此每日必须用高压空气清除此处的灰尘。

6. 旋风斗中的灰尘若不及时清除会造成排气困难，严重时影响燃烧效率，因此每日必须对旋风斗中的灰尘进行清除，通常用专用袋收集灰尘，如图 3–16 所示。

7. 每日应注意静压计显示的炉压状况，炉压应保持在 0 kPa 左右。同时，按需补充静压计的静压液（用纯净水稀释的防冻液）。

二、周保养

1. 火焰传感器的电眼容易被灰尘遮蔽而产生错误信息，因此每周必须用高压空气清除电眼表面和电眼套管中的灰尘。

2. 每周必须用高压空气将热风炉顶盖上的灰尘和热交换器上的灰尘（见图 3–17）清除干净。

图 3–16　用专用袋收集灰尘

图 3–17　热交换器上的灰尘

3. 每周检查一次排灰提升机链条（见图 3–18）、排灰电动机链条（其位置如图 3–19 所示，必须先拆下外罩盖才能看见）、搅拌电动机链条（见图 3–20）和送料电动机链条（见图 3–21），若这些链条太松则必须适度调紧。

图 3–18　排灰提升机链条

图 3–19　排灰电动机链条位置

图 3–20　搅拌电动机链条

图 3–21　送料电动机链条

4. 每周检查一次排灰提升机电动机及送料电动机的联轴器是否磨损或破裂，若磨损或破裂应及时更换新件。

5. 每周检查一次排风机三角带是否松弛、开裂，若三角带松弛应及时调紧，若三角带开裂应及时更换。

6. 每周检查一次排风机轴承，按需加注符合要求的黄油。排风机轴承加油口如图 3–22 所示。

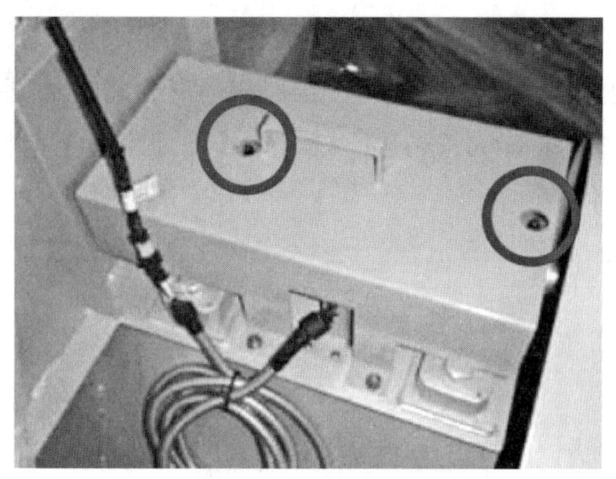

图 3-22　排风机轴承加油口

三、月保养

月保养涉及炉内检修保养，检修人员必须佩戴安全帽及口罩，先在炉门外观察炉内、炉顶和炉壁的状况，确认安全后才能进入炉内，检修时应注意安全，尽快完成并及时离场。检修人员至少两人，且至少一人在炉外照应，以防发生安全事故。

1. 每月对燃烧机做一次清扫

（1）打开调风板，用高压空气将积留在每个风叶上的灰尘清除。注意，不得用布擦拭，以免风叶变形。

（2）取下火焰监视器，在小棒上缠绕柔软的棉布，擦拭火焰监视器端部的受光面，如图 3-23 所示；将缠绕棉布条的旋具插入火焰监视器的座孔内，清除其中的灰尘，将火焰监视器装回火焰监视器座上。

（3）擦拭燃烧机上附着的油污，清除燃烧室内的黑灰；取出燃烧机，用高压空气清扫扩散盘、导火管、点火棒、油嘴等处的灰尘、油污等。

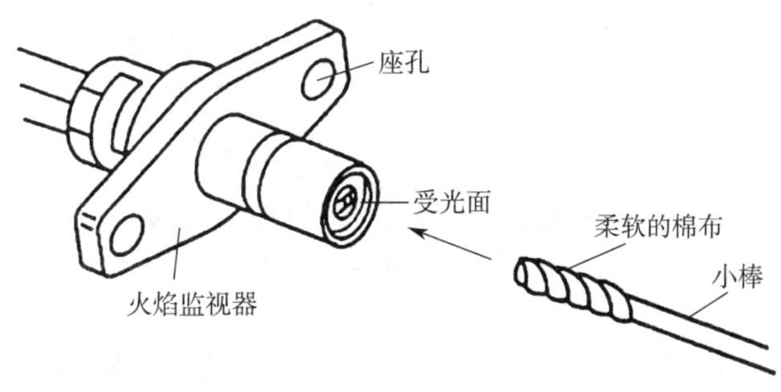

图 3-23　火焰监视器端部受光面的清洁

2. 每月检查一次热风炉排热管下部的清除口有无灰尘，若有应及时清除。

3. 每月检查一次热风炉后段热交换器内管的积灰情况，注意清除积灰时不得直接使用高压空气，以免造成空气污染。应让排风机运转，将喷气管插入热交换器内管，如图 3–24 所示，通过喷气管吹入高压空气，并慢慢地由下至上移动喷气管，排风机会将灰尘收集到旋风斗中。

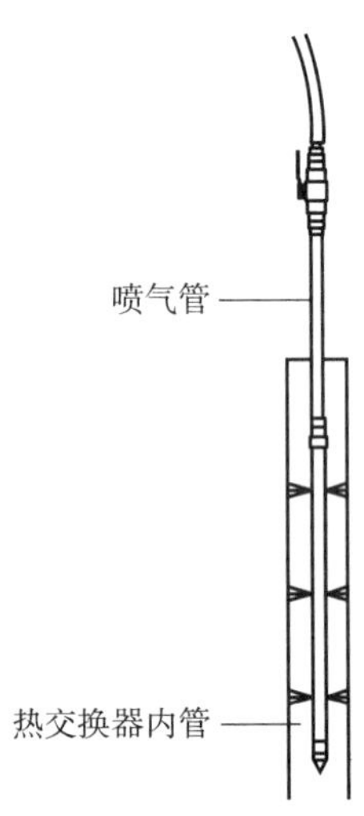

图 3–24 将喷气管插入热交换器内管

同时检查热交换器内部的积灰情况，若积灰较多，应打开热交换器侧面的扫除口盖，将积灰清除干净。

4. 每月检查一次热风炉燃烧室内的积灰情况，清除积灰时应开启炉门侧检修孔。

5. 每月检查一次火格子上有无炭渣，用扫帚将火格子上的炭渣清除干净。同时检查搅拌杆是否完好，若有异常情况应及时进行修理。火格子和搅拌杆如图 3–25 所示。

图 3–25 火格子和搅拌杆

6. 每月检查一次炉壁耐火材料（见图 3–26）是否完整，如有破损、脱落等情况应及时进行修补。

图 3-26　炉壁耐火材料

7. 每月检查一次炉压管内的积灰情况，若有灰尘必须从炉外向炉内通入高压空气进行清除。

8. 每月检查一次炉壁与各管路（如送料管、助燃风管等）的连接是否正常，各燃烧室法兰固定螺栓是否松动，若有异常情况应及时进行修理。

学习单元 4

易损件的调整与更换

烘干机在使用一段时候后，其三角带等易损件容易磨损，一些工作间隙也会发生变化。为了延长烘干机的使用寿命和提高烘干效率，要对烘干机的一些易损件进行调整与更换。在对这些易损件进行调整与更换之前，同样需要关闭电源开关，同时在电控柜上吊挂“维修保养中，禁止操作”警示牌，以免其他人员误操作。操作人员应戴好安全帽、系好安全带、戴好口罩、穿好工作服和工作鞋，并严格遵守调整与更换的操作规程。

一、畚斗和平带的调整与更换

提升机的畚斗通过平带运输粮食，长期的负载工作使畚斗和平带易磨损，应定期进行检查。

初步检查方法具体如下：打开干谷出料斗门板，转动平带，观察畚斗和平带的磨损情况，如果畚斗边缘的磨损量超过 15 mm 则需要更换，如图 3-27 所示，如果平带磨损严重也需要进行更换。

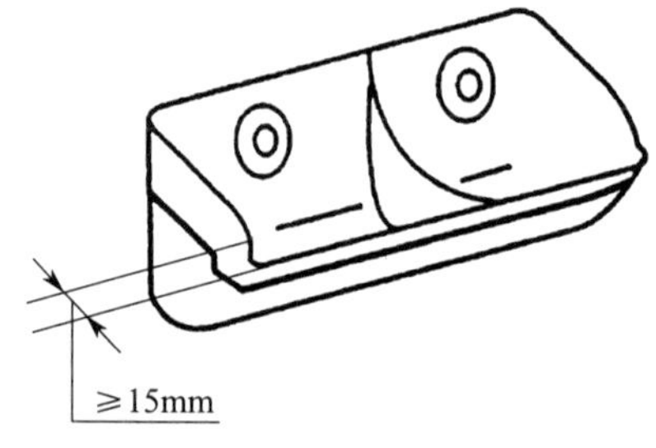

图 3-27　畚斗边缘的磨损量超过 15 mm

平带张紧度检查方法具体如下：打开探视盖板，用食指向下压平带（施力约 5 N），使其凹下约 5 cm，如图 3-28 所示。注意，平带可以略松但不

能太紧，因为太紧会导致畚斗容易碰到提升机外壳，从而产生异响，同时也会加速畚斗边缘磨损。因此，平带张紧度以畚斗不碰到提升机外壳、不产生异响为原则。

平带张紧度的调整方法具体如下：拧松提升机两侧的固定螺母，调整两侧的调整螺栓，如用扳手将调整螺栓往下拧，直至平带张紧度合适，如图 3–29 所示；如果平带位置发生了偏斜，调整偏斜侧的调整螺栓就能将平带位置调正；最后将提升机两侧的固定螺母拧紧。

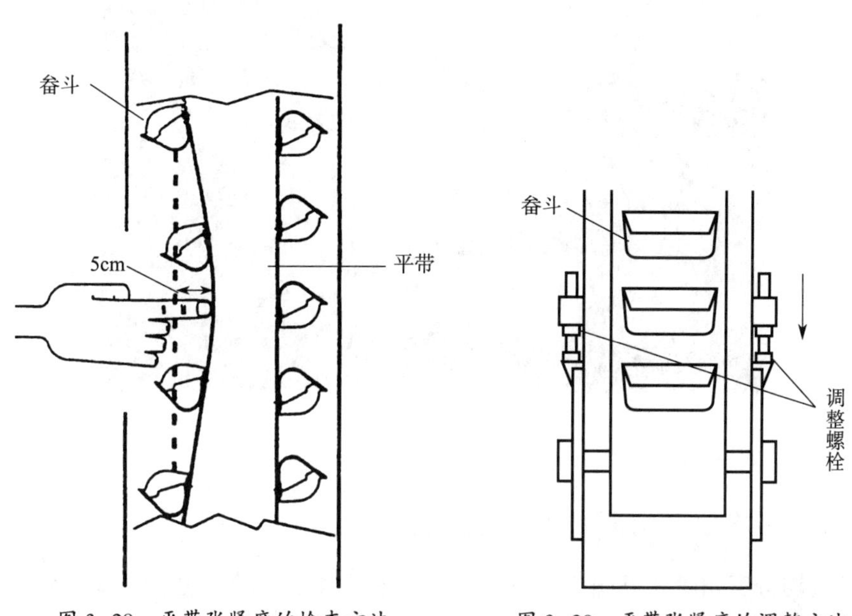

图 3–28　平带张紧度的检查方法　　图 3–29　平带张紧度的调整方法

畚斗的更换方法具体如下：卸下干谷出料斗，拧下螺母，取出磨损的畚斗换成新件，拧紧螺母，装上干谷出料斗。平带的更换难度较大，必须联系专业人员更换。

二、各三角带的调整与更换

三角带长期进行负载作业，因而容易被拉长而变松，三角带太松容易打滑，影响烘干作业的进行；而三角带太紧则容易断裂。其检查方法具体如下：一般用食指向下压三角带（施力约 5 N），使其凹下 10 ~ 15 mm。

1. 底座三角带的调整与更换

当底座三角带（见图 3–30）由于被拉长而变松时，应拧松固定螺母，将调整板向上移动使张紧弹簧张紧，再拧紧固定螺母。调整后应再次检查底座三角带的张紧度。当底座三角带因损坏或被拉长而已经无法调整张紧度时，则需要更换。更换方法具体如下：拧松固定螺母，将调整板向下移动，使张紧弹簧处于完全放松状态；一边转动带轮一边拆下旧底座三角带，然后换上新底座三角带，再将调整板向上移动，使张紧弹簧张紧，此时可以用食指向下压底座三角带进行检查，之后拧紧固定螺母即可。

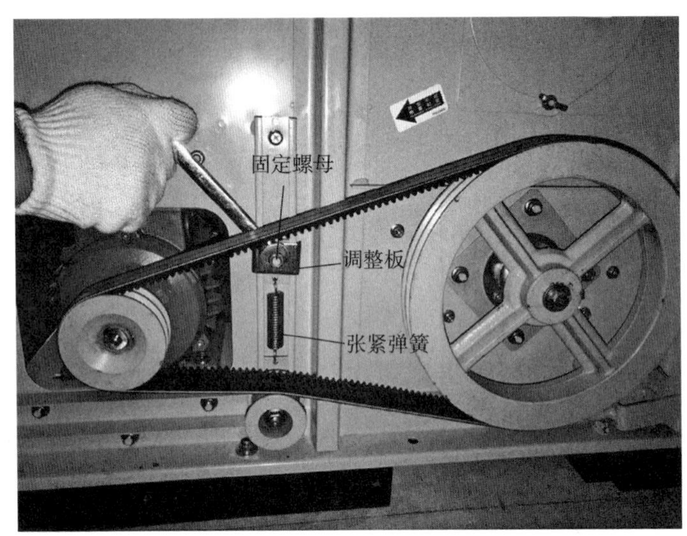

图 3-30　底座三角带

2. 提升机均分三角带的调整与更换

提升机均分三角带（见图 3-31）位于烘干机顶部，调整方法同底座三角带。当均

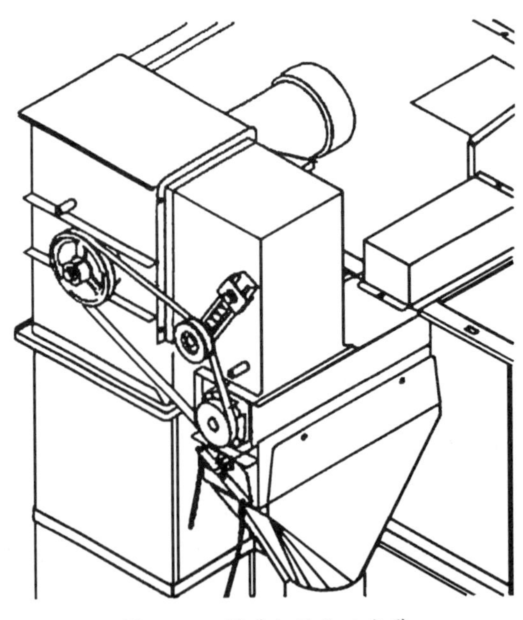

图 3-31　提升机均分三角带

分三角带因损坏或被拉长而无法调整张紧度时，也需要更换。均分三角带的更换方法参考底座三角带。

3. 排风机驱动三角带的调整与更换

排风机驱动三角带的调整方法具体如下：拧下固定护罩的螺栓，如图 3–32 所示，将护罩拆下；依次拧松排风电动机底座上部的 4 个螺母，如图 3–33 所示；均匀地调整排风电动机底座下部的 4 个螺母，如图 3–34 所示，此时排风电动机必须保持水平，当调整至驱动三角带的张紧度符合要求后，将排风电动机底座上部的 4 个螺母拧紧，最后将护罩按原样装好。

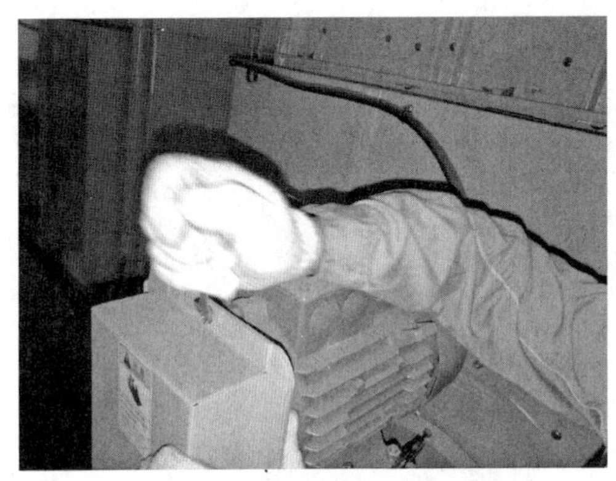

图 3–32　拧下固定护罩的螺栓

图 3–33　依次拧松排风电动机底座上部的螺母

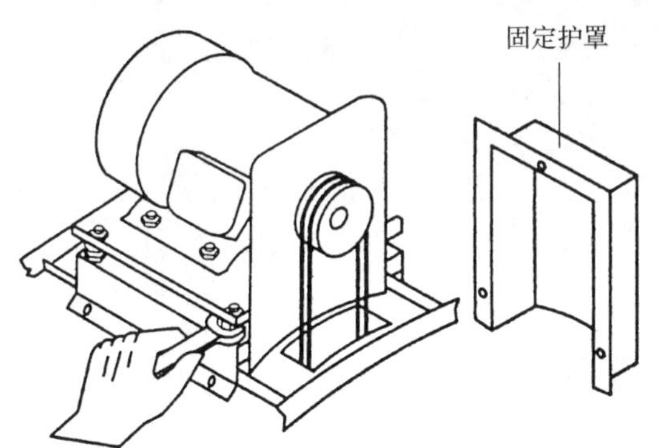

图 3–34　均匀地调整排风电动机底座下部的螺母

排风机驱动三角带的更换方法具体如下：拧下固定护罩的螺栓，依次将排风电动机底座下部的 4 个螺母全部拧至底处，使排风电动机往下降，此时一边转动带轮一边取下旧驱动三角带，换上新驱动三角带，将排风电动机底座下部的 4 个螺母往上拧，此时排风电动机必须保持水平，调整至驱动三角带的张紧度符合要求即可。

三、带动链条的调整与更换

当带动链条（见图 3–35）松弛时，需要将张紧弹簧下方的固定螺母拧松，将调整板向下移动，待带动链条张紧度适宜后再锁紧固定螺母。日常检修时应做好带动链条的润滑工作，在注油点及带动链条上涂抹适量的润滑油。注意润滑油不要加太多，否则会滴到下方的底座三角带上而使其受损。

若带动链条磨损严重，则需要更换。更换方法具体如下：拧松固定螺母，将调整板向上移动，使张紧弹簧完全放松，拆下旧带动链条，换上新带动链条，将调整板向下移动，使带动链条张紧度适宜，再拧紧固定螺母即可。

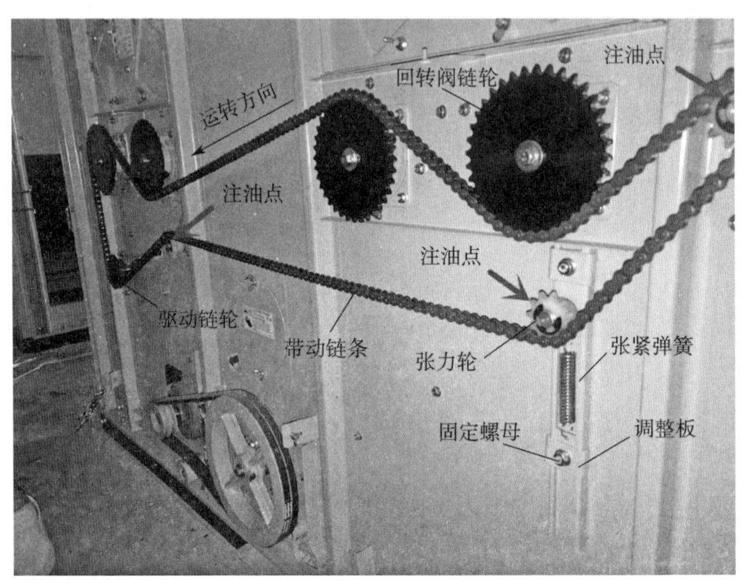

图 3–35　带动链条

四、排尘风量的调整

若排尘机排出稻谷，则应调整风量调节板的开度，使排尘风量减小。风量调节板的开度与风量强弱关系如图 3–36 所示。

五、热继电器的调整

烘干机在进行烘干作业时，如果发生异常状况，可能导致某部位电动机过载而使热继电器跳脱，这时需要手动复位。热继电器的复位方法具体如下：打开电控柜门，

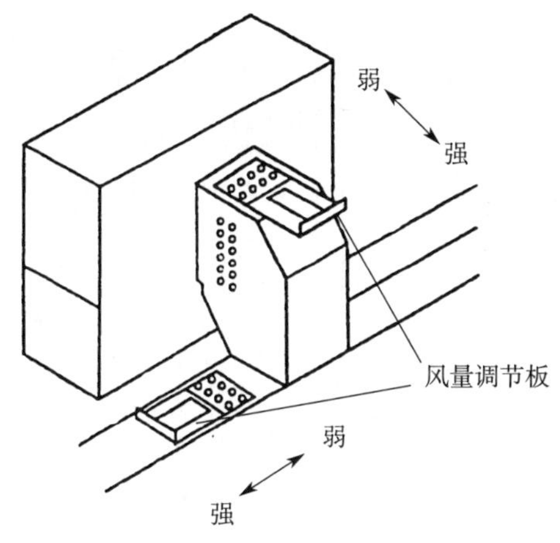

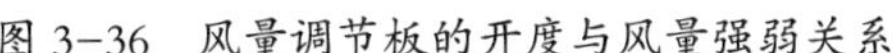
图 3-36 风量调节板的开度与风量强弱关系

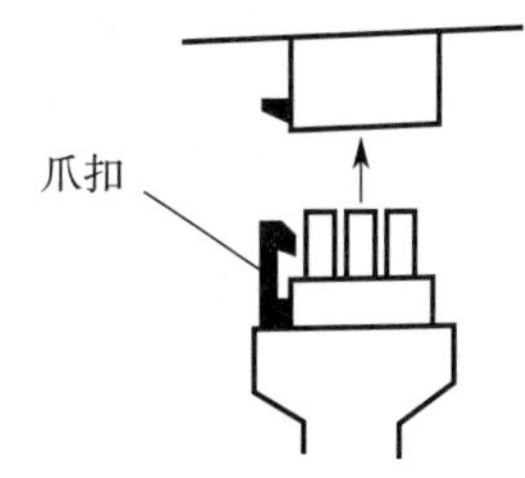

图 3-37 将连接器重新插入并扣紧

按压热继电器的复位按钮；确认并调整热继电器的电流设定值，注意机型不同的烘干机其电流设定值不同，且不宜将电流设定值调整得过高，否则电动机会烧毁。如果将热继电器复位后，再次运转烘干机时仍存在跳脱现象，则不要重复复位操作，应请专业人员来检修，否则电动机会烧毁。

六、连接器的调整

烘干机的电线连接处都装有连接器，有时为了点检会拆下连接器，在进行烘干作业之前需要逐一确认连接器是否插回连接处，且连接器爪扣是否扣紧。若连接器爪扣未扣紧，应及时进行调整，即先取下连接器，再将其重新插入并扣紧，如图 3–37 所示。

七、入谷量的调整

当入谷量过多时，容易中断烘干机的运转，此时应取出提升机下部和流谷筒中的谷物。如果因入谷量异常导致提升机或底座电动机出现异常状况，应先按停止按钮再按恢复按钮（位于控制箱面板上，当设备出故障时使用），之后打开顶层的探视盖板，将堆积在中央的谷物推向四周，使谷物表面呈锅状且露出上方的分散盘，如图 3–38 所示。

以上操作结束后，关闭顶层的探视盖板，开启电源开关，按压排出按钮，大致排出 3 ~ 5 袋湿谷后，启动烘干机，此时注意观察有无谷物堵塞的情况发生。如果经过 1 h 以上的烘干作业都没有发生谷物堵塞的情况，则可以继续烘干。如果谷物的分散状态不好，则满量传感器无法报警，需要进行点检。

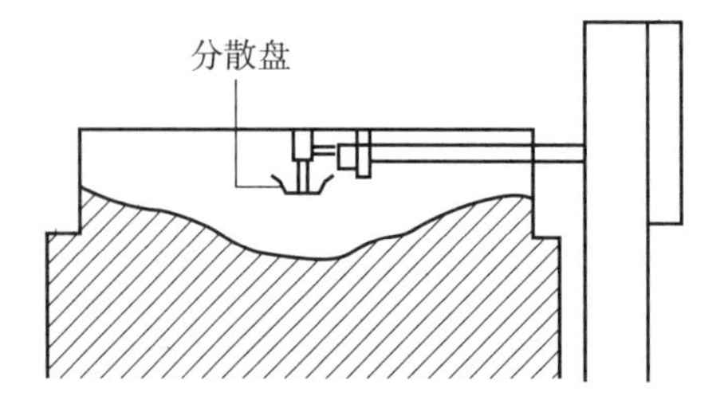

图 3-38　谷物表面呈锅状且露出上方的分散盘

测试题

一、判断题（将判断结果填入括号中，正确的填“√”，错误的填“×”）

1. 对烘干机进行清扫前无须关闭电源开关，只要在电控柜上吊挂“维修保养中，禁止操作”警示牌即可。　（　　）

2. 采用回转阀扫除按钮清扫残留谷物时必须先将谷物完全排出，使烘干机处于空机的停止状态后才能继续操作，否则会导致烘干机发生故障。　（　　）

3. 应在小棒上缠绕柔软的棉布，擦拭火焰监视器端部的背光面。　（　　）

4. 燃油泵滤网的更换频率与燃油品质有关，燃油品质越差，更换越频繁。（　　）

5. 烘干机周围可以存放化学肥料或者消毒剂等。　（　　）

二、单项选择题（选择一个正确的答案，将相应的字母填入题内的括号中）

1. 燃烧机的调风板风叶需要每月用（　　）清灰。

A. 高压水　　B. 轻柔棉布　　C. 高压空气　　D. 钢丝球

2. 当畚斗边缘的磨损量超过（　　）mm 时，需要更换畚斗。

A. 10　　B. 15　　C. 20　　D. 25

3. 畚斗平带的张紧度检查方法具体如下：打开探视盖板，用食指向下压平带（施力约 5 N），使其凹下约（　　）cm。

A. 3　　B. 4　　C. 5　　D. 6

4. 以下属于热风炉周保养的项目是（　　）。

A. 旋风斗中灰尘的清扫

B. 热风炉顶盖上灰尘的清扫

C. 热风炉后段热交换器内管中积灰的清扫

D. 炉压管内积灰的清扫

测试题参考答案

一、判断题

1. × 2. √ 3. × 4. √ 5. ×

二、单项选择题

1. C 2. B 3. C 4. B

培训任务 4

粮食烘干机故障的诊断与排除

培训目标

- 了解烘干机常见故障的现象。
- 掌握烘干机常见故障的诊断与排除方法。
- 能够熟练排除烘干机的常见故障。

学习单元 1

烘干塔故障的诊断与排除

一、风压开关故障的诊断与排除（见表 4-1）

表 4-1　　风压开关故障的诊断与排除

故障现象	原因分析	处理方法
烘干风量减小，但风压开关仍能动作	排风管弯曲、被堵塞	拉直、固定排风管，去除堵塞物，保证顺畅排风
	排风管的穿墙孔太小	扩大穿墙孔，使其直径大于排风管直径
	防老鼠的遮挡板没有取下，或者排风室风量调节板未全部打开	取下遮挡板，或者全部打开风量调节板
	部分点检口和扫除口的盖子打开后未关闭	逐一检查各点检口和扫除口，将打开的盖子关闭
	排风机转速降低或者没有运转	检查排风机驱动三角带是否松弛或者开裂，按需调紧或者更换
	排风机逆向转动	1. 如果是三相电源插头，应将其零线和火线对调 2. 如是单相电源插头，应对照接线图重新接线
风压开关动作不良	风压开关电源线断开	检查电源线，若有断开处应重新接线
	连接器未插好	取下连接器后重新插入
	有灰尘卡住风压开关	清除灰尘
	风压开关损坏	更换新件

二、热风温度传感器故障的诊断与排除（见表 4-2）

表 4-2 热风温度传感器故障的诊断与排除

故障现象	原因分析	处理方法
烘干机未显示温度，且无法自动调温	热风温度传感器接线断开	重新接线
	热风温度传感器连接器未插好	取下连接器后重新插入
	热风温度传感器损坏	更换新件

三、下部输送电动机过载故障的诊断与排除（见表 4-3）

表 4-3 下部输送电动机过载故障的诊断与排除

故障现象	原因分析	处理方法
下部输送电动机在运转过程中停止	三角带太松或者太紧	将三角带调整到合适的张紧度
下部输送电动机有异响，在运转过程中停止	电源电压下降	及时联系当地电力公司进行处理
	连接器未插好导致电源缺相	将连接器插好，使电源线连接正常
下部输送电动机无法运转	下部绞龙被异物卡住	1. 检查下部绞龙是否被异物卡住，及时清除异物 2. 排除故障后按压热继电器的复位按钮
	下部绞龙磨损	1. 检查下部绞龙是否磨损，按需进行更换 2. 更换后按压热继电器的复位按钮

四、提升机故障的诊断与排除（见表 4-4）

表 4-4 提升机故障的诊断与排除

故障现象	原因分析	处理方法
提升机电动机在运转过程中停止或者无法运转	提升机被异物卡住	1. 检查提升机是否被异物卡住，及时清除异物 2. 排除故障后按压热继电器的复位按钮
	畚斗磨损	1. 及时更换畚斗 2. 排除故障后按压热继电器的复位按钮
	平带太松或者太紧	1. 将平带调整至张紧度符合要求 2. 排除故障后按压热继电器的复位按钮

续表

故障现象	原因分析	处理方法
提升机电动机有异响，且在运转过程中停止	电源电压下降	及时联系当地电力公司进行处理
	连接器未插好导致电源缺相	将连接器插好，使电源线连接正常

五、排尘机故障的诊断与排除（见表 4-5）

表 4-5　排尘机故障的诊断与排除

故障现象	原因分析	处理方法
排尘机电动机有异响，在运转过程中停止	电源电压下降	及时联系当地电力公司进行处理
	连接器未插好导致电源缺相	将连接器插好，使电源线连接正常
排尘机无法运转	排尘机风叶或者排尘管被异物卡住	1. 检查排尘机风叶或者排尘管是否被异物卡住，及时清除异物 2. 排除故障后按压热继电器的复位按钮

六、排风机故障的诊断与排除（见表 4-6）

表 4-6　排风机故障的诊断与排除

故障现象	原因分析	处理方法
排风机电动机有异响，在运转过程中停止	电源电压下降	及时联系当地电力公司进行处理
	连接器未插好导致电源缺相	将连接器插好，使电源线连接正常
排风机无法运转	排风机被异物卡住	1. 检查排风机是否被异物卡住，及时清除异物 2. 排除故障后按压热继电器的复位按钮
	三角带太松或者太紧	1. 及时将三角带调整到适合的张紧度 2. 排除故障后按压热继电器的复位按钮
	排风机轴承损坏	1. 用手轻轻地转动叶片，若有异响，则是轴承损坏了，此时应及时更换新件 2. 排除故障后按压热继电器的复位按钮

七、回转阀故障的诊断与排除（见表 4-7）

表 4-7　回转阀故障的诊断与排除

故障现象	原因分析	处理方法
回转阀无法回转	回转阀被异物卡住	1. 检查回转阀是否被异物卡住，及时清除异物 2. 排除故障后按压热继电器的复位按钮
	下部绞龙被异物卡住	1. 及时清除异物 2. 排除故障后按压热继电器的复位按钮
	带动链条过紧	1. 调整带动链条至张紧度适宜 2. 排除故障后按压热继电器的复位按钮
回转阀电动机有异响，在运转过程中停止	电源电压下降	及时联系当地电力公司进行处理
	连接器未插好导致电源缺相	将连接器插好，使电源线连接正常

八、上部绞龙故障的诊断与排除（见表 4-8）

表 4-8　上部绞龙故障的诊断与排除

故障现象	原因分析	处理方法
上部绞龙电动机在运转过程中停止或者无法运转	上部绞龙磨损	更换上部绞龙
	上部绞龙被异物卡住	及时清除异物
上部绞龙电动机有异响，在运转过程中停止	电源电压下降	及时联系当地电力公司进行处理
	连接器未插好导致电源缺相	将连接器插好，使电源线连接正常

九、其他故障的诊断与排除（见表 4-9）

表 4-9　其他故障的诊断与排除

故障现象	原因分析	处理方法
按压各运转操作按钮时无法使烘干机正常运转	电脑水分计出现异常	1. 检查电脑水分计的连接器是否插好，若未插好应取下后重新插入 2. 检查电脑水分计的接线是否断开，若已断开应更换新线

续表

故障现象	原因分析	处理方法
操作面板不受控制	操作面板上的按钮被“卡死”	关闭电源开关，检查各按钮，如有“卡死”情况，应旋松控制面板后面的螺栓进行调整
在烘干机入谷、排谷、烘干状态下，电动机均能正常运转，但燃烧机不燃烧	上一次烘干作业完成后，电脑水分计“记忆”了最终水分值	关闭电源开关，重新开启烘干机
烘干塔带电	接地线引线接触不良或者断开	重新接地或更换接地线引线，确保接地线引线接触良好
	各电动机主电源与接地线误配线或者接线头包扎不良	将各电动机主电源与接地线进行正确的连接，将接线头用高强度绝缘带包扎牢固

相关链接

烘干质量缺陷的原因分析与处理方法见表 4-10，烘干时间延长、烘干效率降低的原因分析与处理方法见表 4-11。

表 4-10　　烘干质量缺陷的原因分析与处理方法

烘干质量缺陷	原因分析	处理方法
烘干不均匀	烘干部因秸秆、灰尘等杂物过多而导致谷物流通不畅	1. 清除烘干部的秸秆、灰尘等杂物 2. 在将湿谷装入烘干机之前，应先用粮食清选机进行清选，以保证烘干质量
	谷物水分值太高，在烘干机内容易架桥	先加入 1～2 窗的谷物烘干，或者一边烘干一边入谷
	烘干前谷物的水分值差异较大，或者青粒、未熟粒过多	1. 若有 3%～4% 的水分值差异，必须分批烘干 2. 先烘干水分值高的谷物，待其水分值降至与水分值低的谷物相同时，才可以混在一起继续烘干；或者采用二段烘干方法
过度烘干	烘干前谷物的水分值差异较大	先对水分值高的谷物进行通风烘干以缩小水分值差异，再混合烘干
	青粒、未熟粒过多	应在合适的收割期进行收割并采用二段烘干方法

续表

烘干质量缺陷	原因分析	处理方法
裂纹粒、碎粒较多	烘干前脱皮、半脱皮的稻谷较多	当脱皮、半脱皮的稻谷较多时，应以低温慢速烘干
	烘干后处理不当	完成烘干的谷物不可以立即送至冷风处冷却，同时应避免接触潮湿的空气
	烘干前裂纹粒就很多	注意收割时机，不可以等稻谷过熟时再收割
	烘干机循环不良	检查回转阀、烘干部是否被异物阻塞，及时清理异物
	当稻谷含水率在65%以下时烘干速度过快，或者谷物的收割较迟	降低3～4 ℃进行烘干
	烘干机中有残留谷物未清除	及时清除提升机下部、下部绞龙、流谷筒底部的残留谷物
	畚斗磨损	及时更换畚斗
	谷物量少且烘干时间较长	应在低温条件下进行循环烘干，同时避免长时间烘干

表4-11　烘干时间延长、烘干效率降低的原因分析与处理方法

原因分析	处理方法
集尘室排风不顺畅	检查集尘室是否形成了密闭空间，及时清除堵塞排风口的异物
排风管弯曲、变形，影响排风效率	将弯曲的排风管拉直，对于变形且无法拉直的排风管应及时联系专业人员进行更换
排风机转速降低，三角带松弛或者开裂	将三角带调整到适合的张紧度或者及时更换新件
未熟粒过多	应在合适的收割期进行收割并采用二段烘干方法
烘干温度过低	参照热风温度表或者通常设定值设定烘干温度
秸秆、灰尘等异物阻塞网孔和排风管	及时清除网孔和排风管中的秸秆、灰尘等异物
排风管的穿墙孔太小	扩大穿墙孔，使其直径大于排风管直径
烘干机某处的盖板、门板未关闭	检查烘干机各处的盖板、门板，若未关闭应关好
排风机风叶已磨损，与外壳的间隙变大	及时更换排风机风叶

电脑水分计故障的诊断与排除

电脑水分计出现故障时，数字显示屏会显示故障代码，电脑水分计故障的诊断与排除见表 4–12。

表 4–12　　电脑水分计故障的诊断与排除

故障现象	原因分析	处理方法
显示故障代码“E39”	谷物温度传感器开路或者损坏	检查谷物温度传感器，联系专业人员进行维修或者更换
显示故障代码“E34”	滚轮被异物卡住	检查滚轮处是否有异物卷入并及时清除
	内部电子元件损坏	联系专业人员更换
显示故障代码“E35”	谷物选择不正确	重新选择谷物，应与所烘干谷物对应
显示故障代码“E31”	通信故障	1. 检查信号线连接器是否连接良好，若连接不好应重新连接 2. 检查信号线是否破损，若破损应及时更换

电气故障的诊断与排除

电气故障的诊断与排除见表 4–13。

表 4–13 电气故障的诊断与排除

故障现象	原因分析	处理方法
达到水分设定值但不停机	烘干机不在连续烘干状态	检查连续指示灯是否亮起，若不亮应重新设置为连续烘干
	烘干机电路板的旋码开关位置错误	检查烘干机电路板旋码开关的位置，应设置在“ON”位置
熔丝熔断	报警器短路	拔掉报警器，如果熔丝不再熔断，则说明是报警器短路，应更换报警器
	接触器线圈短路	检查接触器线圈是否短路，及时更换接触器
	电脑水分计电源短路	切断电脑水分计的电源，如果熔丝不再熔断，则说明是电脑水分计电源短路，应更换电脑水分计
烘干机不联机或者联机不稳定	地址码未设置或者重复	重新设置地址码
	通信线接错	重新连接通信线
	通信线被老鼠咬断或者老化	及时更换通信线
数字显示屏显示“H”	温度计损坏	更换温度计
数字显示屏显示“L”	温度计接线触碰接线盒	检查温度计接线盒并调整接线
	温度计损坏	更换温度计

热风炉故障的诊断与排除

一、燃烧机故障的诊断与排除（见表 4-14）

表 4-14　燃烧机故障的诊断与排除

故障现象	原因分析	处理方法
闷烧层过高	火格子被灰尘堵塞	清除火格子上的灰尘
	搅拌杆熔蚀、变形、断裂	更换搅拌杆
	排灰绞龙磨损，造成排灰不良、灰烬回堵，时间长了导致火格子下部排灰板变形、损坏	更换排灰绞龙和火格子下部排灰板
闷烧层过低	稻壳送料管阻塞，稻壳送料量不足	清理稻壳送料管中的阻塞物
无法排灰	火格子被灰尘堵塞	清除火格子上的灰尘
	搅拌杆断裂	更换搅拌杆
	排灰绞龙磨损	更换排灰绞龙
	火格子下部排灰板变形、损坏	更换火格子下部排灰板
传动部位有异响	未定时润滑	注入耐热润滑脂
点火困难	稻壳受潮	选用干燥的稻壳
	稻壳未均匀地铺在火格子表面	用耙子将稻壳均匀地铺在火格子表面

续表

故障现象	原因分析	处理方法
烘干机升温慢或者温度不够	热交换器的热交换管内积灰太多	用高压空气清除热交换管内的灰尘
	稻壳送料管阻塞，稻壳送料量不足	清理稻壳送料管中的阻塞物
	热风管漏气	更换热风管
静压计保持在正压或者透气管窜出烟雾	烟道积灰太多	清除烟道上的灰尘
	旋风斗积灰太多	清除旋风斗内的灰尘
	排热管下部积灰太多	打开排热管下部的扫除口盖，清除灰尘
	排气管锈蚀、破损	更换排气管

二、控制箱报警与故障排除（见表 4-15）

表 4-15　控制箱报警与故障排除

故障现象	原因分析	处理方法
控制箱上指示灯全不亮，但熔丝座的氖灯全亮	过电流导致控制线路短路，变压器烧毁	拆下控制箱熔丝（2 A），用万用表测量其导电性，若已损坏则更换熔丝和变压器。若更换后仍有过电流出现，则必须联系专业人员进行检修
控制箱铭牌上的红灯闪烁	排风机被异物卡住	1. 检查排风机是否被灰尘、秸秆等异物卡住，及时清除异物 2. 排除故障后按压热继电器的复位按钮
	排风机轴承损坏	1. 用手轻轻地转动叶片，若有异响，则是轴承损坏了，此时应及时更换新件 2. 排除故障后按压热继电器的复位按钮
	三角带太松或者太紧	1. 及时将三角带调整到适合的张紧度 2. 排除故障后按压热继电器的复位按钮

熔丝断路故障的排除

操作准备

1. 烘干车间的烘干机已安装就绪。

2. 随机工具、试电笔、万用表等。

操作步骤

步骤 1 用试电笔检查熔丝，如图 4–1 所示。若试电笔红灯亮起，则说明熔丝发生故障，切断烘干机电源。

步骤 2 拆下熔丝，如图 4–2 所示，用万用表的蜂鸣挡测量熔丝是否导通。若无蜂鸣声，则说明熔丝断路，需要更换相同规格的熔丝。

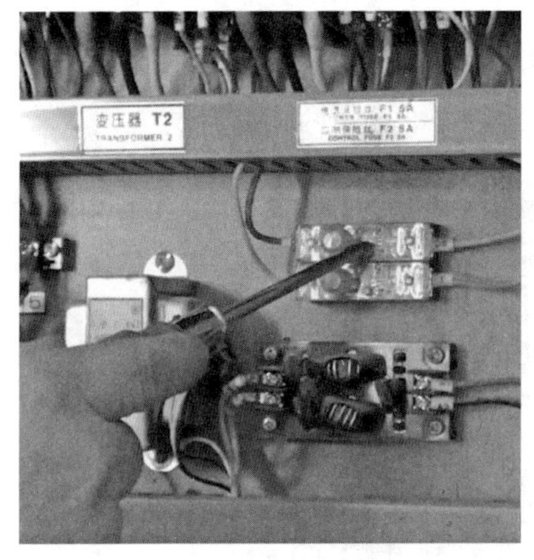

图 4–1 用试电笔检查熔丝

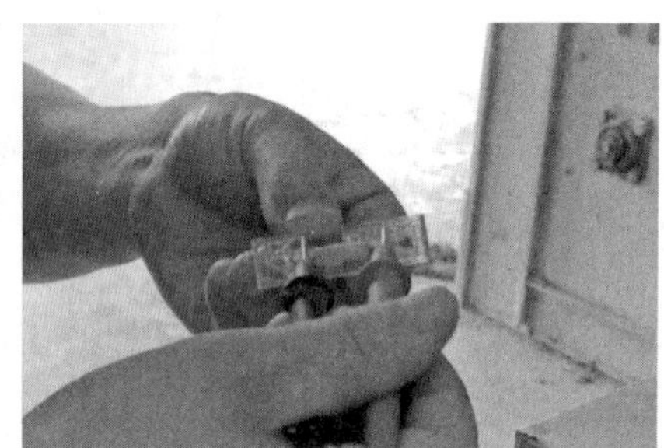

图 4–2 拆下熔丝

步骤 3 将新熔丝插入指定位置，如图 4–3 所示。注意，上下两个熔丝额定电流是不一样的。

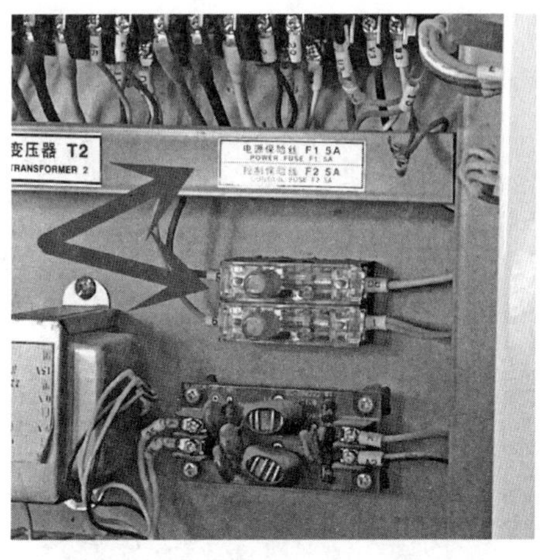

图 4–3 将新熔丝插入指定位置

接触器无法正常供电故障的排除

操作准备

1. 烘干车间的烘干机已安装就绪。

2. 随机工具、万用表等。

操作步骤

步骤 1 用万用表测量接触器上端每两相间有无 380 V 的供电电压，如图 4–4 所示。若万用表上显示的电压为 380 V，则说明接触器上端每两相都有供电。

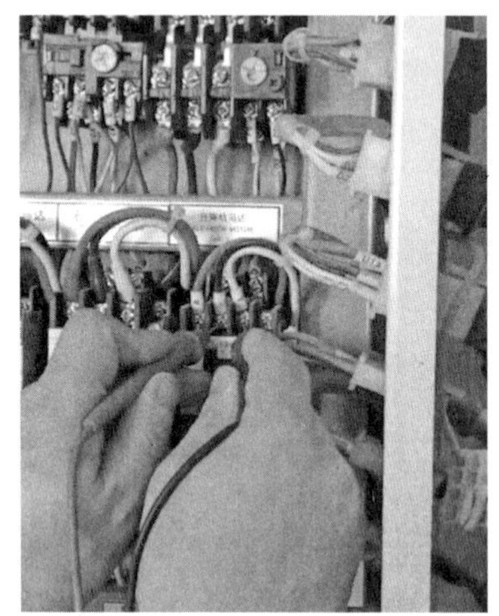

图 4–4 用万用表测量接触器上端每两相间的供电电压

步骤 2 切断烘干机电源，用万用表蜂鸣挡测量接触器下端三相的导通性，如图 4–5 所示。若无蜂鸣声，则说明某一相未导通。

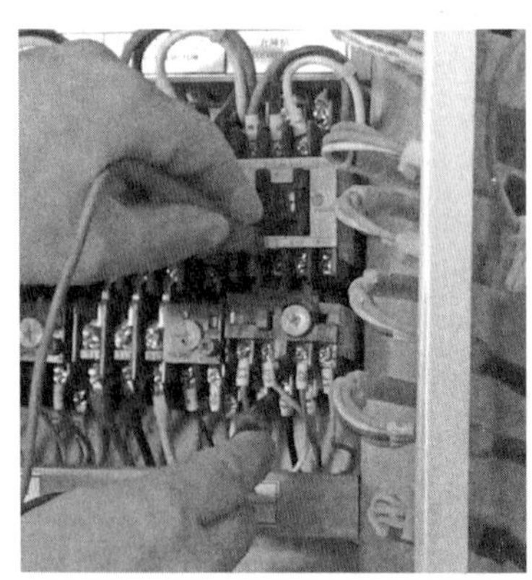

图 4–5 用万用表蜂鸣挡测量接触器下端三相的导通性

步骤 3 查看热继电器的蓝色键是否跳脱，若跳脱则将其按压回去，如图 4–6 所示。

图 4–6 按压热继电器的蓝色键

步骤 4 再次测量未有蜂鸣声的那一相是否导通，若仍未导通则说明热继电器的这一相已经断路了，需要更换新件。

测试题

一、判断题（将判断结果填入括号中。正确的填“√”，错误的填“×”）

1. 闷烧层过低，原因可能是搅拌杆熔蚀、变形、断裂。 （ ）

2. 烘干收割较迟的谷物时容易造成裂纹粒、碎粒较多，此时应将烘干温度降低 3 ~ 4 ℃。 （ ）

3. 控制箱上指示灯全不亮，但熔丝座的氖灯全亮，原因可能是过电流导致控制线路短路，变压器烧毁。 （ ）

4. 烘干机集尘室必须形成密闭空间，不能有排风口。 （ ）

5. 排风管的穿墙孔太小，容易使排尘电动机有异响且在运转过程中停止。 （ ）

二、单项选择题（选择一个正确的答案，将相应的字母填入题内的括号中）

1. 数字显示屏显示故障代码“E39”，是由于（ ）引起的。

A. 谷物温度传感器开路或者损坏

B. 滚轮被异物卡住或者内部电子元件损坏

C. 测不到谷物或者取样不当

D. 通信故障

2. 数字显示屏显示故障代码“E31”，是由于（　　）引起的。

A. 通信故障

B. 谷物带水造成滚轮短路

C. 谷物温度传感器开路或者损坏

D. 滚轮被异物卡住或者内部电子元件损坏

3. 控制箱上指示灯全不亮，但熔丝座的氖灯全亮，检查后应更换（　　）A 熔丝和变压器。

A. 1　　B. 2　　C. 3　　D. 4

4. 当烘干前谷物的水分值差异达到（　　）时，必须分批烘干。

A. 1%～2%　　B. 3%～4%　　C. 5%～6%　　D. 7%～8%

5. 当青粒、未熟粒过多导致过度烘干时，应采用（　　）方法。

A. 通风烘干　　B. 通常烘干　　C. 二段烘干　　D. 定时烘干

测试题参考答案

一、判断题

1. ×　　2. √　　3. √　　4. ×　　5. ×

二、单项选择题

1. A　　2. A　　3. B　　4. B　　5. C